多相催化：
基本原理与应用

Heterogeneous Catalysis:
Fundamentals and Applications

[爱尔兰] 朱利安 R.H. 罗斯 （Julian R.H. Ross） 著

田野　张立红　赵宜成　李永丹　译

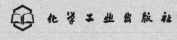

化学工业出版社

·北京·

图书在版编目（CIP）数据

多相催化：基本原理与应用/〔爱尔兰〕朱利安 R. H. 罗斯（Julian R. H. Ross）著；田野，张立红，赵宜成，李永丹译.—北京：化学工业出版社，2015.9（2022.3 重印）
书名原文：Heterogeneous Catalysis：Fundamentals and Applications
ISBN 978-7-122-24639-4

Ⅰ.①多… Ⅱ.①朱…②田…③张…④赵…⑤李… Ⅲ.①多相催化-教材 Ⅳ.①O643.32

中国版本图书馆 CIP 数据核字（2015）第 161443 号

责任编辑：徐雅妮 　　　　　　　　文字编辑：丁建华
责任校对：王素芹 　　　　　　　　装帧设计：王晓宇

出版发行：化学工业出版社（北京市东城区青年湖南街 13 号　邮政编码 100011）
印　　装：北京盛通数码印刷有限公司
710mm×1000mm　1/16　印张 14¼　字数 230 千字　2022 年 3 月北京第 1 版第 4 次印刷

购书咨询：010-64518888 　　　　　　售后服务：010-64518899
网　　址：http://www.cip.com.cn
凡购买本书，如有缺损质量问题，本社销售中心负责调换。

定　　价：59.00 元 　　　　　　　　　　　　　　版权所有　违者必究

译者前言 | FOREWORD |

催化反应过程在现代工业文明中占据极为重要的地位。在合成氨、炼油、石油化学品、精细化工、制药、环境保护等行业中，催化剂和催化反应都是起主导作用的核心支柱技术。因此长期以来，催化科学在国内外都是化工专业本科生和研究生教学的重要内容。以催化为主题的论著和教科书在近几十年中也层出不穷，其中有些已堪称经典，但它们大多或侧重于对基础理论的阐述，或侧重于对生产工艺的介绍。实际上仍然很难找到一本教科书，能够将这一领域的基本理论、工业应用和最新的研究进展三者紧密结合，使刚开始接触该领域的青年学生对催化科学和催化过程形成全面的认识和理解。

"Heterogeneous Catalysis: Fundamentals and Applications"一书自 2012 年由 Elsevier 集团出版发行后，在世界范围内受到广大读者和专家的一致好评。本书详细阐述了吸附过程、反应机理和反应动力学等非均相催化科学的核心理论，并从工业应用的角度对催化剂的制备和催化反应器进行了全面的介绍。在介绍基础知识的同时，本书更重视培养学生使用检索工具，获取新知识的能力。因此，本书不仅对重要的催化理论和催化反应进行了专题讨论，更为读者提供了进一步查阅相关材料的线索，使读者能够根据自己的研究兴趣，深入了解这些专题的发展历史和最新进展。本书不仅适合用作催化专业高年级本科生和研究生的教科书，还可作为学生的课外自学参考书。

本书的作者 Julian R. H. Ross 教授是国际著名的催化和表面化学专家，是爱尔兰皇家科学院成员，曾担任催化领域国际知名期刊"Catalysis Today"主编 25 年（1986～2010年），在催化理论研究和工业应用等领域均有开拓性的建树。此外，他先后在英国 Bradford 大学、荷兰 Twente 大学和爱尔兰 Limerick 大学任教四十余年，具有丰富的教学经验。我们与 Julian R. H. Ross 教授之间有二十余年的密切合作，有幸在本书出版的同时获赠本书。在认真阅读之后，我们深感这是近年来催化领域难得的好书，对催化科学和工业催化的教学具有重要的借鉴意义。我们希望通过将此书翻译出版，介绍给国内读者，能够对我国催化科学基础和应用教育起到推动作用。在翻译的同时，我们也从中学到了许多东西。但由于水平有限，可能存在许多翻译不准确的地方，欢迎广大读者提出宝贵的意见。

李永丹

2015 年 10 月

以前的一位同行常说的一句话听起来很有道理：一个人每次只能找一个借口。尽管如此，我想为再次撰写催化方面的教材给出几个理由。

第一个理由是，尽管有大量的书籍覆盖了催化领域，但我还没有发现哪本书完全如我所希望的那样：首先给出该学科主要方面的概述，然后不是给出太多细节，而是给出一些最重要的专题的讨论。许多学术性的书籍（我在本书中会非常频繁地提到其中的一些）对该学科讨论非常详尽，对相关文献的引述也非常全面，但从许多方面来讲，它们对于普通大学生来说太深奥了。也有一些书籍以更可读的方式介绍该学科，更适合学生阅读，但这些书籍并未涵盖这一学科的所有重要方面。

第二个理由是，我想尝试些许创新。多年前，一位前同事的一句评论"化学文献的未来在于检索工具，例如《科学引文索引》"把我引向了引文索引这一概念。科学信息研究所的 Eugene Garfield 博士在"现刊目录"中发表了一系列致力于推荐这种工具使用的论文。在随后的这些年里，我饶有兴趣地"追随"Eugene Garfield 博士发表的这些论文并从中受到很大的启发。其实，引文索引可让人追踪近期的文献——而不仅仅是按我们已经学会的方式使用《化学文摘》及其他类似检索工具进行文献溯源。在这本书中我所努力做的是鼓励学生使用该类工具从一个特定主题的重要文献向近期推进，以便了解该领域的最新进展❶。我鼓励学生在进行检索的时候尽可能使用"二次文献"（换句话说，文献综述及其类似出版物），而不是被研究论文中太多的细节所束缚。同时，我想鼓励学生不要尝试去读一篇文章的所有细节（如果兴趣改变随时都可以回顾），而是针对现有目的挖掘最相关的细节。

第三个理由是，我曾经在三个不同国家的三所大学里工作（并曾经在另一个机构中学习），有幸遇到工作在不同催化领域的科学家。此外，我也有幸担任"Catalysis Today"（由 Elsevier 科学出版社出版）20 多年的主编，因此有机会拓展相关主题的大量知识（但对某些领域的了解仍是相当肤浅的）。恰逢电子通信技术蓬勃发展，我越来越意识到电子文献资源在日常科学生活中使用的优势。因此，我想充分利用这一知识。

第四个理由是，对于这里所要求的基于研究项目的学习，我已经有非常好的使用体验。在 Twente 大学期间（1982～1991 年），我非常有效地使用了这种方法，例如在一个应用催化方面的相当基础的短期课程讲座中，我要求每个学生在我的指导下针对某个命题进行详细的文献检索，然后针对结果进行全班讨论。效果非常好，有几个项目甚至成

---

❶　使用 Scopus 或类似检索工具的另一个优点是它能确保所用的文本不因时间的推移而过时：学生随时能够发现某一特定主题的最新进展。主要问题是可能有新的"热点课题"，因此可能需要针对这些主题更新文本，给出这些主题的线索。

为我课题组新的研究主题。

最后的理由是，我相信催化是一门需要掌握更广泛知识的学科。催化过程会影响化学与化学工程的诸多方面，每个化学家和化学工程师都该学习该学科的基本原理；此外，如果有必要的话，他们还应该阅读催化方面的科学与技术文献，使其能成长为特定领域的专家。

你面前的这本书在写作的过程中已经逐渐地从一本纯粹的教科书变为交互式的、开放式的且允许学生探究他们感兴趣的专题辅导书。本书没有试图给出太多细节，至少在学生第一次阅读时，鼓励他们以了解基础知识为目的，而不是深入钻研❷。本书中包括一系列的拓展阅读和任务，学生在第一次阅读时可以忽略这些，或选择某些部分进行详细阅读。这本书既可以用于个人学习，又可以作为教科书。对于后一种情况，教师可以指导学生使用文献，并在特定方面引导他们。

读者将会清楚地看到我使用了很多来自我自己的例子。此外，我用到了许多从 Elsevier 期刊（特别是 "Catalysis Today" "Applied Catalysis" 和 "Journal of Catalysis"）收集的重要参考文献。虽然我也使用了其他出版社发表的论文，但是我试图尽可能地使用那些能够从 Science Direct 数据库中轻松获取的论文。这并不意味着你应该一直局限于使用 Scopus 或 Science Direct 数据库。如果你有访问 Web of Science 或 Scifinder 数据库或其他电子资源的权利，在你的工作中务必要使用这些资源，如果你愿意，也可以忽略 Elsevier 的资料。最终的结果应该是相似的：在了解书中课程梗概之后，应该充分认识到催化及其诸多应用的重要性。

附录：使用方法

既然我们将使用引文的方法作为这本书不可分割的部分，现在有必要多说一些科学文献的研究方法❸。当一篇新发表的文章被检索的时候，文章中所引用的文章就会被链接到这篇新的文章中，并且这篇文章的作者和摘要的全部细节也会被存储。同时会提供文章的全文版本的链接，但只有在订阅之后才有权进行全文检索。更重要的，由于使用引用列表，使得学术工作有可能从源文章开始推进。假定一个人知道了一篇 10 年前出版的非常重要的源文献（可能是一个特定主题的综述），这个人想知道该领域在这篇文献发表之后有什么进展，就可以检索这篇源文献并得到一份引用了该文的文章列表。依据 "引用" 数量，这个人可以查找每篇文章（或摘要），或者先排除一些不太感兴趣的主题来精简列表❹（也可以通过引用数排序，找到最重要的施引文献）。

---

❷　如果有必要，之后你可以回到特定主题上。记住，在你今后事业中最重要的不是你已经知道了什么，而是知道去哪里寻找相关的信息。

❸　应该指出，由于引文分析易于查找特定作者被引次数和确定 Hirsch 因子（h 因子、h-index，即该作者发表的论文中，有 h 篇已至少被引用 h 次），它已成为评估科学产出的方法。应该注意到，这些数量主要取决于某个科学家从事该领域的普遍程度，以及该作者是否写过重要的综述或方法论的文章等其他因素（如果某人从事相对冷门领域的研究并且每年仅发表一两篇非常重要的文章，相对于那些从事热门领域研究并发表大量文章的人，他的被引用数一定是很少的）。这里介绍的方法应该十分小心使用，否则很容易被随意滥用。

❹　目前对特定主题的跟踪，也可以通过保存该主题的一些关键的参考文献，并且针对这些文献设定施引文章电子提醒的方式来达到。

我们将使用 Scopus 或 Web of Science 进行文献研究，并以"任务"的方式出现在本书中。本书推荐了许多需要进一步学习的主题，并提供了该领域内作者发表论文的详细信息或几篇重要的研究文章或综述。然后鼓励学生通过 Scopus 或 Web of Science 跟进每个主题（从这些数据库中可以获得链接），选择最近的和重要的出版物，也就是与主题相关的综述或者科技论文全文。每个学生将依据其自身的兴趣或特定需要通过不同的方式跟进主题：有的学生可能对催化材料更感兴趣，有的对反应过程感兴趣，有的可能对新过程的经济评估感兴趣，等等。当本书与讲座课结合时，该方法也允许教师根据授课对象的研究兴趣，提供或推荐新的主题以供选择。如有需要，教师也可以将这些学习的情况作为考核的依据，而不是进行正式的考试。我认为这种方法更可取，因为这一方法能够让学生发挥自己的主动性，与应试相比，能够加深学生对主题的理解。

致谢

我有太多需要感谢的人，首先要感谢曾经与我一起工作多年的研究生和博士后，感谢他们辛勤的工作和热情。通过他们，我才能够拓展催化（这一我从学生时代起就迷上了的学科）方面的知识。我还要感谢所有我曾经工作过的三个不同大学（Bradford，英国，1966～1982 年；Twente，荷兰，1982～1991 年和 Limerick，爱尔兰，1991 年至今）的同事在我工作期间以各种方式对我的帮助。

最重要的是，我想感谢我的妻子 Anne，感谢她不懈的支持。没有她的理解和帮助，就不会有这本书。

Julian Ross
2011 年 1 月

目录 | CONTENTS | ////////////////////////////

第1章

多相催化——二维化学

本章要点

1.1　引言

如果你是一个化学家，或至少对化学有足够的了解，能够理解化学的语言和符号，懂得化学方程式，例如❶：

$$CO + H_2O = CO_2 + H_2 \qquad (1.1)$$

甚至是抽象的方程式，如：

$$A + B = C + D \qquad (1.2)$$

你会认识到等号（=）意味着该方程是平衡的，该反应（通常）处于平衡状态；在一些情况下，是一个可逆的箭头（⇌），表示同时发生正向反应和逆向反应。你也能认识到方程具有与其相关联的反应焓［式(1.1)，$\Delta H° = -40.6 \text{kJ} \cdot \text{mol}^{-1}$］❷。此外，如果以箭头（——→）代替方程中的等号，反应更有可能是动力学控制的而不是热力学控制的。然而，当学习有机化学或无机化学时，我们有时会忘记这些细节，而只是关心两种化学物质放到一起会生成什么样的产物。当我们看到一个方程式，如：

$$C_2H_4 + H_2 \xrightarrow{Ni} C_2H_6 \qquad (1.3)$$

我们会认识到这个反应以 Ni 作为催化剂，但往往不问为什么以 Ni 作为催化剂或是如何实现该催化过程的。阅读你的有机化学课本（如果和我还是学生的时候用的课本是一个类型的），你会看到很多这样的"定性"的箭头，往往没有任何解释或理由，催化剂是一个"黑盒子"。我写这本教科书的目的是希望无论是否有教师的讲解，读者都能够受益很多，在学完这本书的时候，能够懂得这些方程所关联的所有的参数，并且能深入地理解这些反应的催化剂是什么，它是如何制备和应用的，以及催化剂是如何起到催化作用（或者没有起到催化作用）的；为了得到感兴趣的化学反应的相关信息，阅读文献是一个重要的学习方法。从本章开始，我们将简单介绍催化的历史，特别是有关多相催化的历史，然后介绍催化基本原理方面的一些知识（催化剂的制备、表征、催化研究的实验方法、催化反应

---

❶　这就是水煤气变换反应。这个反应非常重要，由于它的存在，使得许多过程接近平衡状态，因此在甲烷的水蒸气重整或甲醇的合成等反应中，可以按热力学平衡计算体系组成。

❷　这个给定值应该是标准焓，$\Delta H°_{298}$（即，反应物和产物在其标准状态下，反应温度为298K 时的反应热），但它也可能是在给定反应温度下的焓。在俄罗斯的文献中，焓通常包含在方程中；在这种情况下，如果该反应放出热量，反应焓作为正值出现在方程的右侧（即反应是放热的）；如果该反应吸收热量，反应焓会作为负值出现在方程的右侧（即反应是吸热的）。

动力学等），最后再讨论一些当前重要的催化反应。正如前言中所讨论的一样，促进学习的一个方法就是要充分利用互联网上可得到的文献，在学习现代催化过程的章节中，这种方法特别重要。我一直鼓励大家围绕课题广泛地阅读，探索每个研究课题的最新文献。

1.2 催化的历史背景

几个世纪以前，人们就已经知道了均相催化和多相催化的多个例子。最早的催化的例子也许是酵母的使用。酵母是一种含有酶的物质，酶能使谷物或葡萄等含糖的生物质发酵得到乙醇。在 8000 多年前，人类就已经知道发酵：最早的啤酒是在古埃及和美索不达米亚（今天的伊拉克）酿造出来的，而最早的葡萄酒是在格鲁吉亚和伊朗酿造出来的。

拓展阅读 1.1 均相催化与多相催化的比较

均相催化是指催化剂与反应物和产物处于同一物相中的催化过程。一个简单的例子是酸催化的酯水解反应（或是它的逆反应，酯化反应）：

$$RCOOR' + H_2O \xrightarrow{H^+} RCOOH + R'OH$$

H^+ 存在时的反应速率远高于无 H^+ 离子存在时的速率，但 H^+ 不出现在化学计量方程中，因此 H^+ 是催化剂。液相中酸的质子与酯的反应如下：

$$R-\overset{\overset{\displaystyle O}{\|}}{C}-O-R' + H^+ \Longleftrightarrow R-\overset{\overset{\displaystyle OH}{|}}{\underset{+}{C}}-O-R'$$

酯分子接受质子形成离子后更易于受到水分子的亲核进攻：

$$R-\overset{\overset{\displaystyle OH}{|}}{\underset{+}{C}}-O-R' \longrightarrow R-\overset{\overset{\displaystyle OH}{|}}{\underset{\underset{\overset{+}{O}}{\diagup\diagdown}}{C}}-O-R'$$
$$H_2O \qquad\qquad\qquad H \quad H$$

形成的化合物通过电子的作用发生重排：

$$R-\overset{\overset{\displaystyle OH}{|}}{\underset{\underset{\overset{+}{O}}{\diagup\diagdown}}{C}}-O-R' \longrightarrow R-\overset{\overset{\displaystyle O}{\|}}{C}-O^+ H_2 + R'OH$$
$$H \quad H$$

最后得到产物，同时，质子再次释放出来。

其他均相催化反应包括一些无机配合物参与的催化反应。其中一个例子是威尔金森催化剂：

$$RhCl(PPh_3)_3 \quad (Ph = 苯基)$$

这种催化剂可用于双键加氢和一些其他液相反应（http://en.wikipedia.org/wiki/Wilkinson's_catalyst）。

相反，多相催化剂与反应物存在于不同的物相中，催化剂通常是固体，而反应物是气体或液体。本书主要介绍一些多相催化反应的催化剂，多相催化反应的机理将在第 6 章详细讨论。值得注意的是前面讨论的酯的水解及其逆反应（酸的酯化）也可以使用固体酸催化剂。

如大家所知，炼金术士寻找由普通金属获得黄金的方法，或许就是最早的多相催化研究。然而，首个关于使用多相催化剂的正式的科学报告撰写于 1800 年，Joseph Priestly 和 Martinus van Marum 分别报告了乙醇在金属催化剂上脱氢的研究工作。令人惊讶的是，至少对于现代科学家来说，他们两个都没有认识到金属是作为催化剂在起作用的，他们似乎认为金属只是提供了反应热。

1.2.1 氨分解

现在看来，1813 年巴黎高等理工学院的教授 Louis Jacques Thénard 第一次真正认识到了非均相催化作用。他报道了氨流过红热金属时分解为氢气和氮气：

$$2NH_3 \longrightarrow N_2 + 3H_2$$

十年后，Thénard 和 Pierre Dulong 共同发现该反应能在铁、铜、银、金和铂的表面发生，反应速率按照这个顺序依次递减。这似乎是第一个关于催化活性变化趋势的报告。

1.2.2 催化氧化

在 Thénard 报道关于多相催化的最初观察后不久，1817 年，在英国伦敦的皇家研究所的实验室里，Humphrey Davy 和他的年轻助手 Michael Faraday 进行了多相催化发展历史早期最重要的实验之一，他们发现在没有火焰的情况下，加热的铂丝能使空气和煤气（主要是 CO 和 H_2）发生化合反应。这是首次报道催化氧化的例子。Davy 用钯可以重复出这一结果，而用铜、银、铁、金和锌却不能得到这一结果。1820 年在位于科克的大学学院，Davy 的表弟 Edmond Davy 证实铂的表面积是极为重要的，高度分散的铂能在室温下使乙醇氧化。1823 年，在耶拿大学工作的 J. W. Dobreiner 改进了 Edmond Davy 制备高表面积铂的技术，他制备了类海绵体材料，在室温下，氢还原的高度分散的金属铂使氢气和氧气发生化合反应。同年晚些时候，Dulong 和 Thénard 发现在室温条件下，在钯和铱上能发生同样的反应，如果升高温度，在钴、镍、铑、银和金上也会发生同样的反应。

拓展阅读 1.2　矿工灯

铂使得燃烧反应顺利进行，不会发生爆炸，但会使铂丝炽热发光，这是矿工安全灯的基础。L. B. Hunt 在 Platinum Metal Rev.，1979，23，(1)，29-31 中描述了 Davy 的工作（http://www.platinummetalsreview.com/dynamic/article/view/pmr-v23-i1-029-031）。A. J. B. Robertson 在 Platinum Metal Rev.，1975，19，(2)，64-69 中总结了早期的催化工作（http://www.platinummetal-sreview.com/dynamic/article/view/pmr-v19-i2-064-069）。请注意，实用的矿工灯不含 Pt 而只有一个铁丝网，这种铁丝网在高水蒸气分压下会生锈，所以实际上这个灯是不起作用的。

任务 1.1　Humphrey Davy 爵士

使用 Google 等搜索引擎搜索 Humphrey Davy 爵士，阅读他在英国皇家研究院所做的工作。要特别注意他在矿灯方面做的工作（拓展阅读 1.2），以及由 Clanny 和 Stephenson 所做的相关工作。研究网上关于矿灯的材料，看看矿灯上进行催化反应的程度，以及灯的金属网仅在多大程度上阻碍了火焰和金属网表面气体间的热传导。同时查阅灯作为气体探测器的应用情况。

查阅 Davy 的其他成就，以及他与同时期其他科学家之间的关系。

1.2.3　Berzelius 和催化概念

除了作为一系列例子说明催化氧化的发展，上面概括的工作还展示了在 19 世纪新思想在国际范围内的发展方式。当时有很多关于催化剂如何起作用的讨论。在 1835 年提交给斯德哥尔摩科学院的一篇文章中，

J. J. Berzelius 总结了上面列出的一些结果，首次提出了"催化"这一术语。这个词来自希腊语 *loosen*。Berzelius 提出，有一种催化的力，催化之所以发生，是因为通过催化力使物体分解。这一思想产生的前一年（1834 年），一直从事电解方面研究工作的 Michael Faraday 提出了我们现在所知的吸附的概念。Michael Faraday 观察到氢气和氧气在铂电极上自发燃烧。Faraday 提出，这两种反应气体凝聚在铂的表面上，"反应的粒子附着于金属表面的趋势可能会很大"。法拉第的主张强调了催化剂表面的重要性，也暗示了现在普遍接受的事实：在界面上相互作用的几何结构也是很关键的。

任务 1.2　Michael Faraday

Michael Faraday 曾经担任 Davy 的助手，后来成为英国皇家研究所的主任。在漫长的职业生涯中，他进行了多个课题的研究，他一直被认为是最成功的应用科学家之一。使用网络搜索，研究 Michael Faraday 生平的相关材料，特别注意他在催化燃烧方面的工作。

1.2.4　第一个工业催化过程

对分子与表面之间相互作用（"化学吸附"）的研究必须依赖于技术水平的发展，这些研究依赖于真空技术的完善，这将在后面讨论（1.2.7 节）。然而，虽然当时人们对化学吸附重要性缺乏充分的认识，但这并没有妨碍一些重要的工业过程的发展。例如，1831 年，小 Peregrine Phillips 申请了"接触法"生产硫酸技术的专利。Phillips 用空气携带二氧化硫（SO_2），通过装有铂（或类似材料）丝或铂屑的管子，这些铂被加热到"强烈的黄热状态"，二氧化硫在这些管子中被氧化（http://www.platinummetalsreview.com/dynamic/article/view/pmr-v19-i2-064-069）。这个反应在很长时间内并未能工业化，直到 1875 年，Messel 开发了工业上采用的接触生产硫酸工艺，最初工业化的过程使用的是负载的铂催化剂，但现在使用了含钒氧化物材料。

http://en.wikipedia.org/wiki/Sulfuric_acid#Manufacture

http://www.lenntech.com/Chemistry/Sulfuric-acid.htm

http://www.chemguide.co.uk/physical/equilibria/contact.html

1838 年 C. F. Kuhlmann 报道了另一个重要的催化氧化过程——氨通过铂催化氧化制备一氧化氮，进一步氧化形成硝酸，最后得到硝酸铵化肥。

即使这一过程（使用焦炉煤气中的氨）在当时没有竞争力，但 Kuhlmann 认为这一过程将会变得非常重要。当时智利硝石廉价易得，这是很好的氮肥。但在 19 世纪末期，人们认识到使用现有供应的硝石不可能养活日益增加的世界人口，这时出现了恐慌。然而，真正起推动作用的是战争的威胁，不同国家的科学家开始仔细的研究氨（当时来自煤气）的氧化。Hunt[3] 描述了莱比锡大学的 Wilhelm Ostwald 和他的助手 Eberhard Brauer 在 20 世纪初的十年里开展的工作。他们开始使用镀铂的石棉，后来发展为使用含有波纹状铂条的反应器。1909 年在 Charlottenburg 的工业高等学校，Karl Kaiser 将其发展为 Pt-Rh 金属丝网型催化剂，这种催化剂一直使用到现在[4]。

1.2.5　氨的合成

在 19 世纪与 20 世纪之交，人们也认识到，作为化肥工业的基础，由当时的焦炉气提取技术供应的氨气不能充分满足需要。例如，1898 年 William Crookes 爵士在大英协会就职演说中呼吁科学界发展一种方法固定大气中的氮，以解决当时所说的"氮的问题"。

H. L. Le Chatelier 意识到氨的分解应该是可逆的，1901 年他做了试图通过单质合成氨的实验。在 200atm（1atm＝101.325kPa）、600℃下，他使用还原的铁作为催化剂，用螺旋形铂加热，在高压釜内进行实验。然而，由于反应混合物被空气污染而导致爆炸，他终止了他的实验。Le Chatelier 在他生命即将结束的时候所说的一句话后来经常被引述："我让合成氨的发现从我手中溜走，这是我科学生涯中最大的错误"[5]。

> **拓展阅读 1.3　氨氧化**
>
> 人们普遍认识到，用于氨氧化反应的铂铑丝网在其使用过程中，即使化学组成没有明显的改变，也会逐渐变粗糙，并形成新的结构。F. Sperner 和 W. Hohmann 在一篇综述的文章中［Platinum Metals Review, 20（1976）12, http://www.platinummetalsreview.com/pdf/pmr-v20-i1-012-020.pdf］给出了使用一段时间后的金属网的电子显微镜照片。这些照片清楚地表明催化剂在使用过程中发生了相当大的物理变化。

---

[3]　L. B. Hunt, Platinum Metals Rev., 1958，2，129.

[4]　http://www.platinummetalsreview.com/pdf/pmr-v2-i4-129-134.pdf.

[5]　http://www.platinummetalsreview.com/pdf/pmr-v27-i1-031-039.pdf.

任务 1.3 Fritz Haber

与 Humphrey Davy 爵士（任务 1.1）和 Michael Faraday（任务 1.2）以及 19 世纪和 20 世纪早期许多其他著名科学家一样，Fritz Haber 从事了许多不同科学领域的研究工作。在 Karlruhe 大学工作期间，他曾与巴斯夫一起发展了 Haber-Bosch 氨合成工艺，后来他在柏林的德皇威廉物理化学及电化学研究所期间，进行燃烧反应、电化学和自由基方面的研究。在第一次世界大战期间，他从事氯气和其他有毒气体的研究。1918 年他由于在合成氨方面的工作获得了诺贝尔化学奖。

网络检索合成氨工艺的历史和 Haber-Bosch 工艺的发展进程。使用可用的资源，如维基百科，查找你要研究的人物，包括 Nernst、Le Chatelier 和 Bosch，查询他们在合成氨工艺开发方面所做贡献的细节。检索合成氨对农业发展作出的巨大贡献（关于这个问题的更多信息可以从例如 Vaclav Smil 的书等来源获得[6]）。当你完成了这个任务的时候，你应该能够获得本书之外的大量信息。

受到 Le Chatelier 对其实验解释的启发，不到 5 年的时间，Haber 和 Claude 在合成氨方面取得了成功。他们的工作需要开发（在 Robert Le Rossignol 的帮助下）高压设备，也需要寻找有效的催化剂[6]。他们发现使用高度分散的锇催化剂，能够获得非常高的氨的产率。锇是一种非常罕见的金属，那个时候只用于灯丝[7]。1909 年 3 月，Haber 获得使用锇作为催化剂的第一个专利后不久，他注册了用铀作为催化剂的第二个专利；虽然铀也是稀有金属，但其可得到的量更多。在 1909 年 7 月，巴斯夫的 Mittasch 和 Kranz 见证了 Haber 实验室的用锇作为催化剂的反应系统的运行。结果巴斯夫启动了发展这一工艺的紧急计划。Bosch（示范操作成功之前就在 Haber 的实验室工作，但在这一关键的实验进行之前不得不离开）开发了反应器系统要求的高压设备，而 Alvin Mittasch

---

❻ 对 Haber-Bosch 过程的详细说明以及科学家和技术人员的活动可以在下面的书中找到：Enriching the Earth：Fritz Haber，Carl Bosch，and the Transformation of World Food Production by Vaclav Smil（MIT Press，2004）ISBN 0262693135，9780262693134。

❼ 在 20 世纪初世界锇的总供应量为 100kg，巴斯夫花费 400000 马克收购了所有这些锇，即使如此，根据巴斯夫的计算，只够每年生产 750t 的氨。

和他的同事 Wolf 和 Stern 对更便宜、更有效的催化剂进行了探索。研究集中在元素周期表上更丰富、更便宜的元素，特别是铁的研究。最初没有获得与锇和铀作为催化剂时同样高的产率，但是在 1909 年 11 月，Wolf 发现他的一个由来自瑞典北部 Gällivare 矿山的磁铁矿（Fe_3O_4）制备的铁样品获得了很高的产率。Mittasch 很快就意识到其中存在的杂质是性能提高的原因。1910 年 1 月公布的第一个专利宣布加入 NaOH 和 KOH 是有利的。不久后发现 MgO 和 Al_2O_3 也是有用的助剂。现在一直在用的最终配方以磁铁矿为基础，含 2.5%～4% 的 Al_2O_3，0.5%～1.2% 的 K_2O，2.0%～3.5% 的 CaO 和 0.0～1.0% 的 MgO（金属中含有 0.2%～0.5% 的硅杂质）。

拓展阅读 1.4　Le Chatelier 原理

在 20 世纪初，化学家们致力于反应可逆原理的研究。可逆性的概念是 Le Chatelier 原理的精髓："反应平衡将会向约束反应进行的相反的方向移动"。换句话说，化学平衡的位置可能受到体系温度或压力的影响（http://www.woodrow.org/teachers/ci/1992/LeChatelier.html）。这特别适用于氨的分解和形成：

$$N_2 + 3H_2 \rightleftharpoons 2NH_3 \qquad \Delta H^\circ = -92.3 kJ$$

这一反应向任一方向都可能发生，取决于所应用的反应条件。在低温低压下反应将从左向右进行。在高温下，如上面所讨论的，将会发生氨分解生成单质的反应。

第一个使用 Haber-Bosch 工艺（Bosch 对于放大技术的重要贡献以及引入独创的高压技术，使得他的名字被列入到这一工艺名称里）的工业合成氨实验厂在 Appau 建成，并在 1910 年 8 月开始运行，到 1911 年 1 月，每天生产 18kg 的氨。1913 年 9 月在 Appau 的第一个商业工厂开始运行，每天生产 10t 的氨。今天全球范围内氨每年的产量超过 1.6 亿吨，有超过 600 个大型工厂每天生产 1000t 以上的氨[8]。如果没有氨和由氨生产的化肥，世界农业将不能为目前的人口提供足够的粮食供应。Smil[6] 估计如果没有 Haber-Bosch 工艺，农业产量可能只有现在的一半。1918 年 Haber 被授予诺贝尔化学奖，

---

[8]　我们将在第 7 章描述合成氨工厂。

1931 年 Bosch 被授予诺贝尔化学奖（与研究煤加氢过程的 Bergius 一起分享此奖项）。

⁛ 拓展阅读 1.5　氨合成催化剂的活性测试

为实现 Haber-Bosch 工艺的商业化，巴斯夫迫切需要一个比 Haber 开发的锇催化剂更便宜、更丰富的催化剂。Mittasch 使用他的同事 Stern 开发的含有 30 个平行的高压微型反应器系统进行催化剂活性测试，启动了一个前所未有的紧急计划，试图通过大量测试找到一种更适合的材料。每个反应器都是容易更换的圆筒，能够装 2g 催化剂。Mittasch 团队利用这套系统在为期两年的时间里测试了几千个催化剂样品，这些工作促进了今天仍在使用的含助剂的铁催化剂的发展。有趣的是钌元素在那一时期没有被发现，直到 20 世纪 70 年代人们才对钌进行了测试，结果发现其活性比铁催化剂高 20～50 倍 [A. Ozaki, K. Aika, J. Catal., 16（1970）97]。根据 Bartholomew 和 Farrauto 的论述，钌催化剂在 20 世纪 90 年代后期开始商业化。

Haber-Bosch 工艺的开发基于同时期的一系列成就：催化理论的发展；对热力学平衡和可逆性原则重要性的认识；高温高压工程材料和方法学的发展。Bosch 的诺贝尔奖归功于他在过程工程方面的贡献，没有这一点，合成氨是不会成功的。随后巴斯夫继续利用这些技术，在 1923 年，Bosch、Mittasch 和他们的同事们把从煤制取的水煤气生产甲醇的工艺过程商业化，该生产工艺使用 ZnO/Cr_2O_3 作为催化剂，温度为 300～400℃，压力为 300atm[9]。1922 年，在鲁尔河畔米尔海姆的 Keiser Wilhelm 煤炭研究所工作的 Fischer 和 Tropsch 也使用了 Bosch 和他的同事们开发的高压技术，他们在 400℃，大于 100atm 的条件下用碱处理的铁屑使水煤气转化成一种他们称为"合成醇"的具有高分子量的含氧碳氢化合物的混合物。后来此工艺过程发展为使用铁和钴作为催化剂，利用从煤制取的合成气生产液态烃，即 Fischer-Tropsch 过程，战争期间由在霍尔滕的 Ruhr-Chemie 工业化。战争结束后，该技术主要在南非得到应用，Sasol 用这一技术由煤生产合成液体燃料。最近，对这一过程的兴趣又明显复苏，主要

---

[9]　直到 1966 年，位于 Billingham 的 ICI 化肥公司（现在 Johnson Matthey 的一部分）才引进了低压工艺（220～300℃和 50～100atm）。1atm＝101.325kPa。

是用于天然气转化为液体燃料（GTL，气体转化为液体），例如壳牌中间馏分（SMDS）工艺[⑩]，该工艺用于天然气储量很大的地区。这一工艺现在也用于中国，中国有大量的煤炭资源，但只有很少的天然气和石油资源[⑪]。

1.2.6 烃的水蒸气重整

与所有这些工艺过程相关的另一个重要进展是由 20 世纪 20 年代和 30 年代巴斯夫（BASF）公司的 Mittasch 和 Schiller 开创的烃的水蒸气重整。由于德国没有天然气，实验所需的甲烷是由 CO 和氢合成的。Schiller 成功地使用镍催化剂对这样的甲烷进行了重整。第一个关于甲烷和水蒸气转化重整的研究工作的公开文献是 1924 年 Neumann 和 Jacob[⑫]发表的一篇论文。这篇文献表明，水蒸气重整和水-气变换反应的气体产物接近平衡。1931 年，巴斯夫把该技术转让给新泽西的标准石油公司，用该工艺生产氢气，用于巴吞鲁日的炼油厂[⑬]。大约在 1936 年，Billingham 的 ICI 定做了一套水蒸气重整反应器。虽然美国在 20 世纪 50 年代一直选择天然气作为原料，但在欧洲则使用轻质馏分石脑油作为原料，直到 20 世纪 60 年代，北海和其他地区开始供应天然气，这种情况才发生改变。石脑油水蒸气重整的发展与能够用于高温高压做反应器的新型钢铁的发展时期相一致，同时也开发了耐高温抗积炭的新型催化剂。1962 年 ICI 定做了两个能在约 15atm 下

[⑩]　Bartholomew 和 Farrauto 将 FTS 技术的发展分为五个阶段：(1) Co 和 Fe 催化剂的发现（1902~1928 年）；(2) Fischer 钴基工艺过程的商业开发阶段（1928~1945 年）；(3) 铁和 Sasol 阶段（1946~1974 年）；(4) FTS 和钴的重新认识阶段（1975~1990 年）；(5) GTL 工业的诞生和成长（1990 年至今）(C. H. Bartholomew, R. J. Farrauto, Fundamentals of Industrial Catalytic Processes, 2nd Edition, Wiley Interscience, 2006)。

[⑪]　上面描述的工艺过程中很多是在两次世界大战之前和期间在德国开发的；许多是专利的形式，但是也有许多秘密诀窍。一些早期技术，如水蒸气重整工艺是在两次世界大战之间进行国际授权的。第二次世界大战即将结束的时候，同盟国认识到德国拥有大量未被掌握的技术，所以技术专家组被派往德国（和其他国家）获得如 Fischer-Tropsch 合成反应工艺过程的详细内容。有个网址能获得大量的这方面的内容，也可以对相关人物的贡献有简单了解：http://www.fischertropsch.org。

[⑫]　B. Neumann, K. Jacob, Z. Electrochem, 30 (1924) 557 [referred to by J. R. Rostrup Nielsen, in: J. A. Anderson, M. Boudar (Eds.), Catalysis Science and Technology, vol. 5, Springer Verlag, Berlin, Heidelberg, New York, Tokyo, 1984].

[⑬]　在此前的两年，Shell 公司由甲烷生产氢，但是是通过甲烷热裂解的工艺生产的。

工作的管状重整反应器，不到 5 年后，Topsøe 定做了一个能在 40atm 下工作的重整反应器。水蒸气重整现在大概仍是化学工业中最重要的工艺之一，这方面的技术改进被持续报道，其目的是为了提高效率，从而降低生产氢的成本。我们在第 8 章第 2 节将回到甲烷水蒸气重整和相关反应的主题上。

1.2.7 催化基础研究

在上面所讨论的 20 世纪早期的工业研发工作之后，在大学和研究所进行了更多基础研究工作，目的是对这些工业开发过程有更多的科学理解。这些研究的发展涉及了许多人：朗缪尔在吸附领域的工作，Taylor 对活性位思想的发展，Emmett 在物理吸附方面的研究工作，Rideal、Tempkin、Boudart 和其他许多人在催化反应动力学方面的研究工作。这些名字和其他人将经常出现在本书内，有兴趣的读者可以在互联网上搜索这些人的更多信息。例如，下面将对 1932 年诺贝尔化学奖得主 Langmuir 的贡献进行简要介绍（Nobel Lectures，Chemistry 1922~1941，Elsevier Publishing Company，Amsterdam，1966）。

Irving Langmuir 于 1903 年毕业于哥伦比亚大学冶金学专业，并于 1906 年在哥廷根获得硕士和博士学位，在此期间他在能斯特课题组从事有关"能斯特发光元件"方面的工作，即能斯特发明的电灯泡。之后他回到美国，在新泽西州从事学术研究工作。1909 年，他加入了位于斯克内克塔迪的通用电气公司的实验室，并在副主管的职位上退休[14]。他从事与白炽灯和真空放电相关的真空物理研究工作（研制了现代扩散泵），还从事低压气体属性的研究工作[15]。他的研究工作表明，氢气在灯泡的白炽灯丝上解离成原子，并以单分子层的形式吸附在灯丝上[16]，在此基础上提出了 Langmuir 吸附等温线（请参阅第 2 章第 4 节）用于描述表面的化学吸附，并最终提出了双分子催化过程的动力学描述，即 Langmuir-Hinshelwood 动力学。Langmuir 和其他人在这一时期的工作使人们理解了催化过程中化学吸附物种的重要性，随后不久表面中间物种和活性位的概念也被

---

[14] 朗格缪尔（Langmuir）被称为工业基础研究之父。

[15] 朗格缪尔的名字与许多其他研究相关，如 Langmuir-Blodgett 槽用来研究液体表面薄膜，朗格缪尔探针用来测量放电管中的带电粒子，等离子体中朗格缪尔波和播种云带来的降水的现象。他还负责了气体填充白炽灯的开发和氢原子的发现的研究工作。

[16] I. Langmuir, J. Am. Chem. Soc, 40 (9) (1918) 1361-1403.

提出。

在 20 世纪 60 年代，Langmuir 在超高真空（UHV）技术领域的工作促进了重要的表面技术的发展，如场发射光谱、场离子光谱、低能电子衍射、俄歇光谱和 X 射线光电子能谱[⑰]。

任务 1.4　超高真空的方法

超高真空技术的发展促进了用于研究分子在表面上吸附和反应的许多现代技术的发展。我们将在后面的章节中更详细地讨论其中许多方法。在 http://en.wikipedia.org/wiki/List_of_surface_analysis_methods/中，给出了一个现代研究方法的列表。请从历史发展的角度出发，审视吸附研究工作中使用的技术与方法，要特别注意场发射显微镜（FEM）、场离子显微镜（FIM）、X 射线光电子能谱（XPS，最初被称为电子光谱化学分析，ESCA）等技术。请注意这些科学家的工作：Erwin W. Müller，Kai M. B. Siegbahn，Gabor A. Somorjai，Gerhard Ertl，Sir David L. King 和 Sir John M. Thomas。可在搜索网站上（如谷歌）查询相关信息（见任务 1.5）。

以这些方法为基础的商用设备的使用，在一段时间里引起了"表面科学"的研究热[⑱]，即利用这些现代物理技术研究原子级清洁的固体表面上分子的反应。表面科学设备（参阅如 http://www.vgscienta.com/），需要可重复的超高真空环境，表面需要在较长的一段时间里保持干净的状态，购买和运行这些设备是非常昂贵的。因此，过去的几十年，表面科学一直被指责占用了许多研究理事会的大量研究预算。最近，随着常压表面研究技术的发展，对催化反应的研究得到了更多关注。在这个领域值得注意的科学家是 Gabor Somorjai 和 Gerhard Ertl。前者被称为"现代表面化学之父"（http://en.wikipedia.org/wiki/Gabor_A._Somorjai/），而后者由于开创了用于铁表面上 Haber

---

[⑰]　1981 年诺贝尔物理学奖授予瑞典物理学家 Kai M. Siegbahn（http://nobelprize.org/nobel_prizes/physics/laureates/1981/），表彰其发展了研究表面吸附物种的技术，通过监测表面暴露于电磁辐射下发散的二次电子来研究表面吸附物种。

[⑱]　与"表面化学"相对应的术语，多数情况下用于气-液和固-液界面，尽管有时也应用于固-气界面。

合成氨机理基础研究的方法，在 2007 年被授予诺贝尔化学奖（http://nobelprize. org/nobel ＿ prizes/chemistry/laureates/2007/ertl ＿ lecture. pdf）。

> ## 拓展阅读 1.6 网络资源
>
> 　　值得注意的是，利用一般网页搜索很容易追踪 20 世纪中期之前的研究工作，这些搜索通常指向维基百科和其他类似的文章。但是使用更专业的搜索工具，如化学文摘、SciFinder、谷歌学术搜索、Web of Science 和 Scopus 等可以搜索到更新的相关材料。在之后的章节中，经常需要使用 Web of Science 或 Scopus 等类型的引文索引工具，配合学习相应章节内容，以确定与某一特定主题最为相关的论文，通过这种方式学习每个主题的更多内容。引用搜索比传统的摘要资源检索具有更大的优势，为了确定一个特定主题的当前工作，它允许从一个基本文献出发及时地向前检索，而不是仅仅向后检索。
>
> 　　值得一提的是，除了被用于"向前"的文献检索，在过去的十年左右，引文索引已被用于评估科学成果的产出。某科学家的出版物的引用次数可以用来衡量这个人科学成果的产出。这样的做法有很多局限性，最重要的是不同领域论文的引用次数差异很大，另一个重要因素是，综述和"方法论文章"往往比传统的科学交流文章吸引高得多的引用次数。为了帮助评估科学成果的产出，已引入了 Hirsch 因子，h [J. E. Hirsch, An index to quantify an individuals's scientific scientific research output. Proc. Nat. Acad. Sci. USA., 102 (2005) 16569e16572；引用＞800 次]。h 值是指某作者已发表的论文中有 h 篇被引用了至少 h 次，换而言之，如果作者已发表 200 篇论文，这些文章中有 30 篇已经被引用至少 30 次，则 h 指数为 30。此方法的优点是它对综述和方法学文章给出较小的权重，并更加注重一般科学成果的产出。对于某一特定主题，可以通过 h 因子比较出该领域最重要的研究者，之后关注他们的文章。
>
> 　　为了了解更多关于 h 因子的使用，跟进上文提到的 Hirsch 原始文章的一些施引文章是很有趣的。

　　本章试着引入一些催化学科相关的学术思想，并按时间顺序列举了这一学科发展的重要里程碑。这里介绍的很多主题将在本书以后的章节中更详细地介绍。鼓励学生尽可能仔细地研究更多的主题，例如通过使用本文中提到的电子链接，查找一些网络上提供的丰富信息。

任务 1.5

为了熟悉引用方法的使用，你现在应该检索一些任务 1.4 所提到的作者，并找出他们在表面科学技术领域最重要的一些文章。之后查找引用了这些文章的最重要的近期文章，由此确定这一领域除了已被列出的科学家之外的最重要的科学家。

第2章

表面与吸附

2.1 引言

通常认为物质有三种状态：固态、气态和液态，它们中的每一种都可以进一步地细化或细分。尽管有许多反应发生在固相之间，但作为一名化学工作者，你遇到过的大多数反应还是发生在气相或液相中，深入思考后，你会意识到两相乃至多相间界面处的反应也很常见，如液体中气泡的形成、液-固界面处的表面活性剂的作用、固-气界面（或固-液-气界面）发生的腐蚀、固-固界面摩擦。通过切割一个固体所获得的所有表面都是不饱和的（见图 2.1）。这些不饱和的表面因此具有表面能（有时是相当松散地放置或是"悬挂的化合价"）。当一个过程发生在表面时，表面能可以促进所有的能量发生改变，不论这个过程是纯物理的相互作用或是化学反应。对在这种界面发生的化学现象的研究可以被广义地称为"表面化学"，在第 1 章中提到过，这个术语也包括固体表面分子的吸附和反应（吸附通常是指从气

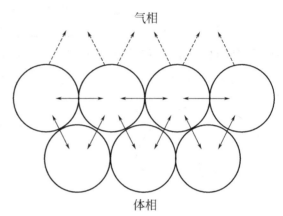

气相

体相

图 2.1　通过切割金属晶体得到的表面横截面示意图

相吸附，但有时也指从液相的吸附）。当一个表面反应产生了本质不同的新的表面，并且解析释放出产物导致表面再生，这就是多相催化过程（见1.2 节）。为了理解多相催化，我们应该对吸附现象有较好的理解，并且也应该对解吸有一定的理解。这一章主要是让学生理解在吸附（和解吸）过程中决定表面性能的因素和如何去学习这些过程。

2.2　清洁的表面

为了学习吸附现象，首先需要了解清洁表面的产生。化学吸附的早期工作是和产生并维持清洁 0 表面的高真空技术的发展相一致的（见第 1章）。电灯的发展推动了 Langmuir 开始于哥廷根的能斯特实验室的研究工作。他在 1909 年加入了在美国新泽西州瑞希尔的通用电气试验室，开

始研究现在我们所熟知的电灯泡里的炽热灯丝（图 2.2）。一般来说，这些灯丝全是由细钨丝制作而成，并且当加热温度超过 2000℃ 时释放出可见光。钨是一种熔点很高的金属，熔点 T_m 约为 3410℃（表 2.1）。金属的表面原子在达到"塔曼温度" T_t 时变为可移动状态，显然 T_t 小于熔点。塔曼温度通过下式给出：

$$T_t \approx 0.6 T_m \qquad\qquad (2.1)$$

因此，钨原子的表面迁移预计将在约 2000℃ 以上时发生。钨金属在空气中可以被氧化生成 WO_3，在较低的温度下，氧化物形成一个使表面钝化的膜以免被进一步氧化。然而随着温度的进一步升高，多层氧化物开始形成，氧化层变得不稳定引起 WO_3 的分解❶。只要从灯丝中排除过量的氧，任何表面氧化物层的分解都是相对容易的，在没有其他气体存在的条件下会形成清洁、稳定的钨丝表面。从灯丝中排除氧气需要使用高真空技术，正是高真空技术的发展促成了第一个白炽灯泡的诞生。

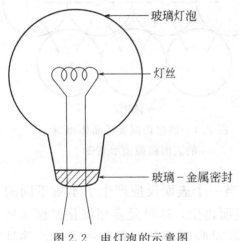

图 2.2　电灯泡的示意图

表 2.1　难熔金属的熔点

金属	熔点/℃
钨	3410±20
钼	2617
钽	2996
铼	3180
铌	2468±10
铱	3045±30

注：来源：Handbook of Chemistry and Physics，CRC Press。

所有早期的真空装置都是由玻璃制成的，每一个使用这种装置的实验室都需要雇用一个或多个专业的玻璃工。慢慢的，所有使用这些装置的研究生都变成了相对熟练的业余玻璃工了❷。一个典型的真空系统是由机械真

---

❶　任何表面杂质的脱附都会同时发生；此外，一些表面氧会以分子氧的形式脱附，而不是 WO_3 的形式。

❷　在 20 世纪 60 年代晚期，我在一个实验室工作，Harry Pierce 是那里的资深玻璃工，他曾制作过磁控管（第二次世界大战期间使用的雷达设备的主要部件）。使我感到欣慰的是，他能够制作或修理任何东西，像我这样熟练的玻璃工都不需要去修理扩散泵了。

空泵（可以提供 10^{-2} mmHg 的真空❸）、水银扩散泵（采用适当技术可提供低至 10^{-9} mmHg 的真空❹）、各类真空头（润滑的活塞、水银开关或者是后来的由合适的金属-玻璃密封连接方式连接到系统中的金属阀门）和如水银压力计、麦克里德压力计和电离压力计之类的压力测量装置组成的。为了获得尽可能低的压力（由泵和阀门等真空部件决定），需要精密的制造方法，如烘烤及在低温下密封以排除水银蒸气。更现代的装置使用的是油扩散泵、离子泵或涡轮分子泵。第一个油扩散泵是由钢制成的，但也有用玻璃制成的。图 2.3 所示为一个由亚利桑那州立大学开发的玻璃扩散泵，图 2.4 显示了由这样的一个泵组装的玻璃反应系统。

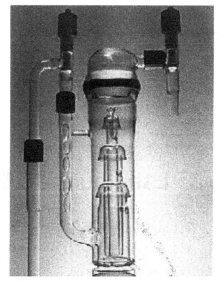

图 2.3　一个现代的玻璃制作的油扩散泵（由亚利桑那州立大学 Michael D. Wheeler 提供，http://www.public.asu.edu/~aomdw/GLASS/DIFFUSION _ PUMP.html）

图 2.4　亚利桑那州立大学制作和使用的典型的现代玻璃真空装置
（由 Michael D. Wheeler 提供，见图 2.3）

---

❸　mmHg 是非常便于实际使用的单位，是使用水银压力计直接测量的，或者使用 McLeod 压力计间接测量的。也经常使用术语 Torr（以 1644 年发明气压计的意大利科学家 Torrocelli 命名）。1mmHg 或 1 Torr 相当于 133.41Pa（有关压力单位的详细介绍，见 http://en.wikipedia.org/wiki/Torr/）。

❹　Langmuir 改进了水银扩散泵，水银扩散泵一直与其名字关联。

在网上搜索真空技术、扩散泵和压力计等，了解其中包含的技术，以及这些仪器的供应商。

2.3　Langmuir 对吸附的研究

在 Langmuir 从事电灯泡研究的期间，他发现氢气可以和热钨丝相互作用产生氢原子。他也认识到氢气可以吸附在钨丝的表面，这个过程是通过氢-氢键断裂来实现的。"吸附"一词的含义就是固体表面"黏附"，当二者之间发生化学作用时，就称为"化学吸附"，当是纯物理作用时，就称为"物理吸附"。化学吸附和物理吸附在多相催化中都起着重要作用，我们将详细地讨论这两种吸附。

与金属表面有关的化学吸附现象已经得到了广泛的关注。Langmuir 的早期工作是在高真空下的清洁金属丝表面进行的。这导致了使用干燥金属薄膜〔通常是在超高真空（UHV）条件下制备的，该超高真空条件是利用实验室建造的玻璃装置得到的〕的进一步实验研究，以及后来的利用特制的商业化的不锈钢超高真空系统对单晶的研究。

2.4　Langmuir 等温线[5]

Langmuir 的开拓性研究工作使他建立了著名的 Langmuir 吸附等温线方程。这个方程可以用来描述气体在清洁表面的吸附，通常应用于金属表面（可以修正参数以应用于氧化物和其他材料）。

Langmuir 吸附等温线以最简单的形式描述了恒温下在金属表面位点（M）上的气相原子 A 的吸附平衡。

$$M + A_{(g)} \Longleftrightarrow A-M \tag{2.2}$$

---

[5]　对于那些已成为教科书内容的部分，在本章中没有提供原始文献。也就是说，该部分的理论已经很完善，很少有人去读原始的参考资料。然而，学生如果很想了解相关内容，可以进行搜索下载原始文章，需要注意的是，有些文章发表在难以获得的期刊中或者是非英语的期刊中。

得到的方程（见拓展阅读 2.1 的推导）：

$$V_{ads}/V_m = \theta_A = b_A p_A/(1 + b_A p_A) \tag{2.3}$$

拓展阅读 2.1 Langmuir 吸附等温线的推导

将表面看作是由 n_S 个相等的表面位点（如金属原子）组成的。如果气体 A 与表面处于平衡状态，并且有一些气体 A 分子被吸附在表面上，此时表面浓度是 n_A，那么还剩余（$n_S - n_A$）个空位。

假定吸附没有被活化，表面上 A 物质的吸附速率 r_{ads} 可由下式给出：

$$r_{ads} = k_{ads} p_A (n_S - n_A) \tag{2.4}$$

气体从饱和吸附位点上进行脱附的速率 r_{des} 为：

$$r_{des} = k_{des} n_A \tag{2.5}$$

在平衡时，$r_{ads} = r_{des}$，所以

$$r_{ads} = k_{ads} p_A (n_S - n_A) = r_{des} = k_{des} n_A \tag{2.6}$$

等式两边除以 n_S，然后用 θ 代替 n_A/n_S，可以得到：

$$k_{ads} p_A (1 - \theta_A) = k_{des} \theta_A \tag{2.7}$$

或者

$$\theta_A/(1 - \theta_A) = (k_{ads}/k_{des}) \, p_A = b_A p_A \tag{2.8}$$

这里的 b_A 是指吸附常数，b_A 的值取决于吸附和脱附的活化能。换句话说，它和吸附热直接相关。

重新整理可以得到：

$$\theta_A = b_A p_A/(1 + b_A p_A) \tag{2.9}$$

这就是 Langmuir 等温线，描述了原子 A 在均匀表面上的吸附现象。

它适用于恒温下不在金属表面原子上分解的物质 A 的吸附，这些金属"表面位点"要么是空位（M），要么是已经被吸附物种 A 占据的位点（A—M）。这里的 V_{ads} 是指已吸附的 A 的体积，V_m 是形成单分子层吸附所需 A 的体积，θ_A 是气体 A 的表面覆盖率，b_A 是吸附常数，p_A 是气体 A 的压力（值得注意的是吸附量可以通过很多方法表示）。经常用到气体吸附体积［在标准温度和压力（STP）下测得］这一参数，它也可以转换成吸附分子的数目，n_A，或者是吸附气体质量，m_A。在拓展阅读 2.1 中的方程推导的前提条件是所有的吸附位是完全一样的，换句话说，氢气的吸附热在表面被填满的过程中保持不变。由于 b_A 和吸附热有关［$b_A = a \exp (\Delta H_{ads}/RT)$］，这意味着 b_A 不受气体 A 的表面覆盖度的影响。正如我们所看到的，这和实际情况是不同的。然而，吸附等温线是非常重要的，因

为它使我们能够获得更好的吸附/脱附平衡图，并且将同样的方法应用到描述实际的催化过程中（见第 6 章）。

图 2.5 给出了表面吸附分子 A 的等温线的典型形式。在 $p_A=0$ 时没有吸附发生，当压力增加时，吸附体积渐渐地接近 V_m 值。换句话说，空位点被逐步地填满直到没有空位剩余，也就是 V_{ads} 达到单分子层吸附量 V_m。在处理这种数据时，为获得更准确的 V_m 并确定常数 b_A，可将其做成线性图，方法是对 Langmuir 方程取倒数形式（或者能找到其他方式吗?），如图 2.6 所示。V_m 的值可以根据 y 轴截距获得，"吸附常数" b_A 可以从 $1/p_A$ 轴上的负截距获得。

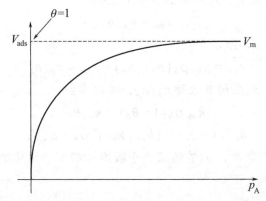

图 2.5　当 $V_{ads}=V_m$，且没有进一步的吸附发生时典型的 Langmuir 吸附等温线

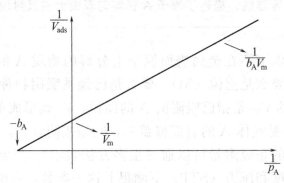

图 2.6　Langmuir 方程的倒数形式，从中可以确定 V_m 和 b_A

如拓展阅读 2.1 所示，常数 $b_A=k_{ads}/k_{des}$，因此它和吸附热 ΔH_{ads} 有关：吸附热越高（形成 M—A 键的力越大），b_A 越大。等温线的形状很大程度上取决于 b_A 的值。吸附热较低时，等温线没有明显的"拐点"，且难以估计 V_m 的值；相反，当吸附热较高时，"拐点"很明显，且通过观察就

可以确定 V_m 值。等温线的形状也由吸附温度决定，等温线的拐点在较高温度时比较平缓，而在低温时则相对陡峭。我们将在 2.8 节中介绍温度对复杂分子吸附的影响。

任务 2.2　图 2.6 的倒数曲线包含的信息

（a）b 值也能根据曲线斜率得到。怎样求得？

（b）由图 2.5 中的数据如何确定吸附剂表面上 A 的吸附热（提示：需要获得更多的数据）？

（c）如果吸附热非常低，图 2.5 和图 2.6 的曲线会如何变化？

任务 2.3　确定某金属样品的表面积

如果物种 A 在某 0.15g 的金属表面上进行非解离吸附时，V_m 值是 1.7cm³（STP）*，假定一个 A 分子占据的表面积是 0.65nm²，求金属的比表面积。

---

* STP＝标准温度和压力；1mol 的任何理想气体在标准状态下占有的体积是 22.4dm³。

图 2.5 中的等温线有两个重要的特征：低压时，吸附体积随 p_A 增加而增加，高压时，吸附体积和压力无关（$\theta \approx 1.0$）。[这导致了和催化反应速率相关的结果（见第 6 章）；一个单分子的催化反应的动力学范围可以从一级到零级，取决于反应物在催化剂表面的覆盖度]。实际上，在不完全覆盖时，也经常会出现：

$$\theta_A \approx b_A^n p_A^n \tag{2.10}$$

这里的 $0 < n < 1$。这就是著名的 Freundlich 等温线（见下文）。

2.5　氢气的化学吸附

对于氢气的化学吸附，为描述氢气的解离，需要对 Langmuir 等温方程进行修正。这个修正的方程（见拓展阅读 2.2）是氢气压力的平方根的函数，这里的常数 c 和吸附热有关：

$$\theta_H = c_H p_{H_2}^{0.5}/(1 + c_H p_{H_2}^{0.5}) \tag{2.11}$$

对于不完全覆盖：

$$\theta_H = c_H^n p_{H_2}^n \tag{2.12}$$

同样的，$0 < n < 1$。

∴ 拓展阅读 2.2 游离氢的吸附：压力的作用

当一个分子（如氢气）解离吸附时，不能再使用简单的 Langmuir 等温方程来描述它的吸附行为。正如以后（2.9 节）看到的一样，解离吸附是紧接着氢分子的物理吸附而发生的。可以通过使用拓展阅读 2.1 中类似的方法建立一个相应的 Langmuir 等温方程。另一种方法是要考虑如下所示的"拟平衡"的存在，即处于气相中的氢分子会与形成的氢原子处于平衡状态：

$$H_{2(g)} \Longrightarrow 2H_{(g)}$$

$$H_{2(ads)} \Longrightarrow 2H_{(ads)}$$

只要系统处于平衡状态，形成的氢原子的压力就会决定吸附行为。
对于气相（拟）平衡，可以写成：

$$K_{eq} = p_H^2/p_{H_2}$$

从中可以得到：

$$p_H = (K_{eq} p_{H_2})^{0.5}$$

在方程式(2.3)中把 p_H 表达式代入，代替 p_A，并令 $c_H = b_H K_{eq}^{0.5}$，则得到方程式(2.11)。实际上，只要分子氢的吸附达到充分平衡，无法达到气相平衡是不重要的。

任务 2.4 复杂分子的吸附常数

与上述单分子 A 的吸附相比，更复杂分子的吸附常数不再简单地与吸附热相关。尝试推导出一个通用的关系，适用于上述提及的所有情况。

2.6 复杂分子的化学吸附

拓展阅读 2.2 中的方法也适用于更复杂的情况。例如，如果甲烷分子在某个金属表面的吸附可以用下面的平衡式描述：

$$M + CH_{4(g)} \Longleftrightarrow CH_3\text{---}M + H\text{---}M \qquad (2.13)$$

那么同样可以写成：

$$\theta_{CH_3} = k p_{CH_4}/p_{H_2}^{0.5}/(1 + k p_{CH_4}/p_{H_2}^{0.5}) \qquad (2.14)$$

如果我们对不完全覆盖采用近似处理，则有

$$\theta_{CH_3} = k'(p_{CH_4}/p_{H_2}^{0.5})^n \qquad (2.15)$$

这里的 k' 是个新常数，并且 $0 < n < 1$。

任务 2.5　甲烷吸附的 Langmuir 等温方程

根据下面的平衡方程，推导出等温方程，并估计甲烷吸附平衡时生成物的量：

$$M + CH_{4(g)} \Longleftrightarrow CH_2 = M + 2H\text{---}M \qquad (2.16)$$

答案

$$\theta_{CH_3} = k p_{CH_4}/p_{H_2}^{1.0}/(1 + k p_{CH_4}/p_{H_2}^{1.0}) \qquad (2.17)$$

$$\theta_{CH_3} = k'(p_{CH_4}/p_{H_2})^n \qquad (2.18)$$

这个方法能够应用于更为复杂的情况。例如，尝试推导氨的吸附等温式，其中氮和氢原子在表面吸附。

2.7　非均匀表面

作为覆盖度的函数，表面分子的吸附热无法保持不变，而总是随着覆盖度的增加而减少。人们进行了许多尝试来描述吸附行为，如 Freundlich 和 Temkin 方程。尽管先前的方程式(2.9) 最初被看做是完全经验化的，Zeldvich 给出了当覆盖度与吸附热有对数形式的关系时，线性化的结果：

$$\ln\theta = (RT/Q_0)\ln p + 常数 \qquad (2.19)$$

式中，Q_0 是零覆盖时的吸附热。这可以简化为更为熟悉的 Freundlich 方程：

$$\theta = k p^{1/m}$$

这里的 m 要比 1 稍大，这个公式相当于方程式(2.10)。

另一个是 Temkin 方程

$$\theta = a\ln(bp) \qquad (2.20)$$

这里的 a 和 b 是常数，其值取决于零覆盖时的吸附焓，这个方程最先由 Slygin 和 Frunmkin 提出，但是却被 Temkin 和 Pyzhev 在铂和钨金属表面氨分解的工作中普及开来。它基于的假设是吸附热随覆盖度增加呈线性下降。这种假设在很多情况下也接近实际情况。尽管这两条等温线对许多气体的吸附行为的描述要比 Langmuir 等温线好，但是后者在推导反应速率方程时更为常用（见第 6 章）。

2.8　非平衡吸附

到目前为止，所有的讨论都基于一种假设，即反应处于平衡状态。毕竟，术语"等温线"即意味着在恒温下的一种平衡。然而，不是所有的吸附过程都发生在平衡状态下，并且可能发生不可逆吸附。在这种情况下，化学吸附过程（或是它的逆过程，脱附）是处于活化状态的，换言之，化学吸附或解吸的一个或是多个步骤需要活化能，因此这些过程可能不会达到平衡。在某些情况下，吸附物质可以在适当的环境下再一次解吸出来。然而，吸附物质经常在脱附之前或脱附之中转化成其他的物质，有时候需要升高温度才能发生这种情况如甲烷在多种金属表面的吸附，这将在下面进行讨论。

在超高真空条件下制得的钨丝表面（每次实验用一个新的膜）上，甲烷的吸附实验显示甲烷可以在 173K 低温下发生不可逆吸附（吸附量近似于一个单分子层）。当吸附了甲烷的表面被加热时，直到达到氢气解吸的温度 300K 时才有气体产物出现。在温度为 293K 时，表面层的平均组成是 CH_2[6]。问题是：是否在任何温度时所有在表面上的氢原子都和碳结合在一起（例如 $CH_{x\,ads}$）？碳和氢在表面上是不是单独吸附的（C_{ads} + xH_{ads}）？表面上是否有一些自由的氢和类似 CH 的中间物质？这些问题（至少部分）可以通过吸附层的"交换实验"来得到解答：在不同温度下将氘加入到系统中来检测生成的 HD 和 H_2。甲烷在 193K 吸附后，平均每个吸附的甲烷中的一个氢原子将在这一温度下立刻和氘交换，在样品继续加热后，逐渐地有更多的氢原子发生交换，直到在表面温度达到大约 300K 时，四个氢原子被全部置换。假定快速交换对应于氘和吸附在表面

---

[6]　P. G. Wright，P. G. Ashmore，C. Kemball，Trans. Faraday Soc.，54（1958）1692；J. R. H. Ross，M. W. Roberts，C. Kemball，J. Chem. Soc.，Faraday Trans. Ⅰ，68（1972）221.

上的自由氢的交换，缓慢交换对应于氘和一种 CH_x 物种的交换，可以认为甲烷在 173K 的钨金属表面的吸附符合下面的方程：

$$CH_4(g)+2W \longrightarrow CH_3—W+H—W \qquad (2.21)$$

当吸附物质被加热到较高的温度时，结果显示在 373K 时 CH_3—W 物质将发生进一步的分解，吸附的物质很可能是 CH—W。虽然这些结论仅仅是半定量的（因为它们取决于不同类型物质的交换速率以及平均表面组成成分相关的假设），但是它们清晰地表明了吸附在金属表面的简单分子（如甲烷）的分解是高度取决于条件的，其动力学过程是相当重要的。而且，在不同金属表面的分解过程也是不一样的。当使用钯薄膜进行重复实验时，发现直到 400K 时，甲烷的吸附才通过以下方式发生：

$$CH_4(g)+Pd \longrightarrow CH_3—Pd+1/2H_2(g) \qquad (2.22)$$

对于钯而言，没有证据证明吸附物质 CH_3 有进一步的解离。当我们在以后的章节中考虑烃类在 Pd 金属表面的反应时会重新提到这一点。

现在考虑另一个"复杂"分子吸附的例子：Fe 和 Pd 表面 H_2S 的吸附。在温度低至 193K 时，H_2S 分子吸附在这两种金属上的过程中没有任何氢原子的脱附。然而，当温度提高到约 300K 时，这两种金属的表现是截然不同的。在 Fe 的表面，氢可以解吸出来，然而在 Pd 的表面，没有（或是很少）发现氢。在较高的温度且有过量 H_2S 存在时，两种金属发生"硫化作用"，因此这就相当于形成多层硫化物（在氧气的化学吸附过程中也出现同样的结果：如果温度高于室温，就会发生氧化）。铁的硫化反应的化学计量遵循以下方程：

$$Fe+H_2S \longrightarrow FeS+H_2 \qquad (2.23)$$

然而，对于金属 Pd，另一个同时发生的现象是：一些氢（以原子的形式）被吸附在金属的间隙中形成了氢化物，而并不是解吸到气相。这个反应发生的程度取决于 Pd-H 系统的热力学以及反应中产生的氢气压力是否超过（α+β）相的平衡压力。但有趣的是，硫化钯表面层的形成能够阻止系统中氢分子的进一步解离吸附；氢气在有硫化钯覆盖的表面上不会发生解离吸附，也不会进入氢化物相。因此，金属表面上氢解离过程所必需的金属两相邻位点因为硫的吸附而被阻断了❼。

---

❼ 人们已经发现，如果氢气在靠近白炽灯丝的钯膜上解离，形成的氢原子可能会吸附于金属晶格内；当关闭热灯丝时就会达到氢化物的平衡压力，这表明解吸过程不受吸附硫层的阻碍。

2.9 吸附过程

如之前在 2.5 节中所描述的，氢气在金属表面的吸附多是以原子形式进行的。然而，就像我们所讨论的，氢原子不可能以很大的浓度存在于气相中。那么，分子氢是如何在金属表面解离的？

吸附过程可以用 Lennard-Jones 势能图来描述，如图 2.7 所示。这个图表示了氢分子和氢原子的势能和它们与金属表面之间距离的函数。先考虑氢分子接近表面的过程，当其距离表面无穷远时，分子和表面没有任何作用力，分子处于零势能。当分子开始接近表面时，范德华引力开始出现，并且在距离表面相当于氢原子和 Ni 表面原子的范德华半径之和（$r_{Me(vdv)} + r_{H_2(vdv)}$）的时候（如果金属是 Ni，这个距离约为 0.32nm；对于其他的过渡金属，这个值会稍有不同）变为"物理吸附"（即通过物理的引力发生，$-\Delta H_p$）。如果分子继续接近表面，在分子的电子云和表面之间将存在很强的斥力。

现在考虑氢原子接近的情况。为了把一个氢分子解离成两个氢原子，需要提供给氢分子 434kJ 的解离能（D_{H-H}）。在气相中，这个解离不可能以可察觉到的速率发生。然而，如果我们考虑一个气态氢原子（假如能够形成），当

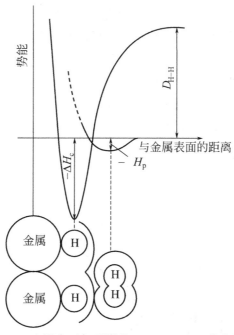

图 2.7　金属表面氢吸附的 Lennard-Jones 势能图

当氢分子从右面接近表面，首先发生物理吸附，接着在表面上解离，氢以原子状态化学吸附在表面上

它接近表面时，将受到比氢分子更强的吸引力，并形成一个金属-氢键，伴随着吸附热$-\Delta H_c$（化学吸附曲线）的释放而变成吸附态。这种化学吸附在距离等于氢原子和金属原子半径之和（$r_{Me}+r_H$，对于 Ni，这个距离大约是1.6nm，但是对于其他的过渡金属这个值都是相似的）时达到平衡状态。从图2.7 中可以看出，化学吸附曲线和物理吸附曲线相交于非常接近于势能轴零点的位置或零点之下。对于过渡金属，这个交点通常是在势能轴的零点之下，所以化学吸附过程是不需要被活化的（换句话说，当氢分子接近表面时，可以很顺利地从物理吸附状态转化到化学吸附状态，不存在活化能垒）。

> ### ⋰ 拓展阅读 2.5　活化吸附 ⋰
>
> 　　在早期描述化学吸附的书中，经常认为化学吸附能被活化。然而，相关的研究都不是在清洁表面上进行的。如果活化吸附确实可以发生，两条曲线的交点将会是在零势能线之上。早期对于化学吸附的研究之所以得出这样的结论，很可能是因为实验是在被部分污染或全部吸附了氧气单分子层的"不清洁表面"上进行的。超高真空实验装置的发展使得在吸附测试之前维持表面清洁成为可能。我们将接着讨论涉及催化剂和催化反应实验方法的超高真空装置。

然而这种状态也许会在氢的表面覆盖度增加时发生改变，如图 2.8 所示：化学吸附曲线的最小值以数量级的程度减少（虚线①、②、③），导致曲线相交于零势能线之上。这最终导致了吸附过程需要活化能（我们在以后的章节中讨论催化反应过程时将回到这个概念）。如果吸附的氢解吸到气相，并再次和另一个氢原子结合形成氢分子，将发生上述过程的逆过程。在低覆盖度时，脱附活化能是 ΔH_c；当覆盖度较高时，脱附活化能是 ΔH_c 与吸附活化能之和。

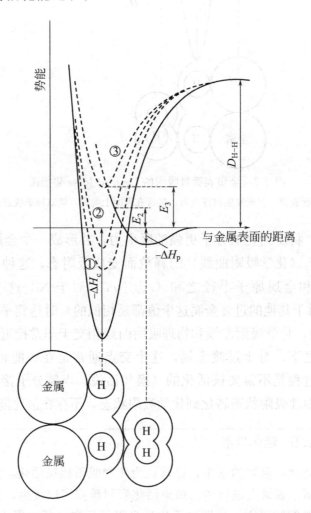

图 2.8　对图 2.7 的 Lennard-Jones 势能图的延伸

说明表面氢覆盖度增加的影响（曲线①，②，③）；随着覆盖度的增加，吸附热（ΔH_c）相应减少，导致了吸附需要一定活化能。如果吸附物种发生脱附，其所需的活化能为（$\Delta H_c + E$），活化能随着覆盖度的增加而减少

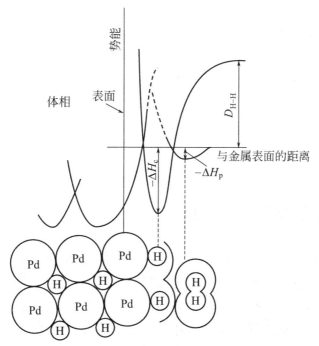

图 2.9　氢原子在钯金属表面吸附的 Lennard-Jones 势能图的延伸

在讨论关于 Pd/H_2 系统时，值得考虑用这种曲线描述吸附现象。氢通过上述讨论的方式吸附在钯金属的表面。然而，如图 2.9 所示，化学吸附氢原子的位能曲线和另一条代表氢原子在金属体相内部（在金属结构的间隙位置）的位能曲线相交，在这种情况下，一系列的最小值延伸至金属体相中，每一个值对应于间隙氢原子的一个最稳定的状态。只要化学吸附曲线和物理吸附曲线相交于零势能线附近，气相中的氢原子就可以顺利地转移到钯金属中[8]。氢原子在金属中的扩散本身有可能需要活化能，其中的慢步骤可能是进入到金属的第一层或者是在 Pd 晶格中的扩散。

拓展阅读 2.6　前驱体的状态

　　A 原子可以吸附在一个表面上的不同种类的位点上。A 原子的吸附也许会发生在一个位置点(X 位)，然后吸附态的物质也许会迁移到另一个更稳定的位

---

[8]　最初，人们认为只能通过电化学方法得到钯的氢化物。那是因为在分子氢解离之前需要清洁的 Pd 表面，这对于后续吸附步骤是必要的；但得到的金属 Pd 表面总是被吸附的氧或其他杂质所覆盖。这与上面提到的发现一致，比如硫在表面的吸附层会阻止氢吸附；硫（或任何其他污染物）很大程度地覆盖了表面位以至于氢解离不能发生。

点（Y 位）。在这种情况下，在 Lennard-Jones 势能图中有与上述过程相对应的曲线。在 A 点的吸附物质可以转移到 B 点；转移速率与需要克服的能垒以及温度有关。如果在位置 X 和位置 Y 之间没有能垒，那么所有的吸附物质在能量有利的情况下将很快迁移到位置 Y。另一种情况是 A_2 可以以两种方式解离产生 P_{ads} 和 Q_{ads}。P_{ads} 也可以是最终稳定吸附物质 Q_{ads} 的前驱体，反之亦然。

2.10　化学吸附的归纳

在前面的章节中，我们已经讨论了氢在金属表面的吸附和脱附，并且讨论了其他分子如甲烷、氧气和硫化氢的吸附。需要认识到的是，每种分子实际上都可以被多种表面吸附，这个表面不一定是金属，还可以是氧化物、硫化物、各种形式的碳或其他多种固体。虽然不同分子在不同固体表面的吸附有一些明显的规律，但对每一种结合都需要进行独立的研究。判断是否能够发生化学吸附的必要因素是 ΔG_{ads} 是否为负值，ΔG_{ads} 由方程给出：

$$\Delta G_{ads} = \Delta H_{ads} + T \Delta S_{ads} \tag{2.24}$$

ΔH_{ads} 和 ΔS_{ads} 的值决定始终状态。如果分子 A_2 在表面解离吸附产生 $2A_{ads}$，由于整体系统的熵是增加的，ΔS_{ads} 通常是正值。因此，只有当 ΔH_{ads} 为负值时，吸附才会发生。对于非解离吸附（如 CO 在金属表面的吸附），熵变通常是负的。因此，原则上 CO 的吸附是一个吸热过程。然而，实际中没有发现这样的情况。

在化学吸附研究的早期，许多的工作致力于测定吸附热，并且尝试找到测定的热量和吸附系统的其他性质之间的联系。最成功的例子是发现吸附热和体相化合物生成过程中产生的热有良好的相关性。一个例子就是氧气在过渡金属上的吸附，它的吸附热和最稳定氧化物的生成热之间具有良好的相关性（见图 2.10）。

一旦累积了合理的数据库，化学吸附的"化学"就被建立起来了。例如，B. M. W. Trapnell 列出了可以吸附不同分子的金属（表 2.2）。

有趣的是通常被认为是化学惰性的金，可以化学吸附氧气、乙炔和乙烯，但不能吸附 H_2、CO_2 或 N_2。金的催化活性目前得到了极大的关注，我们将在下面的章节中讨论。

表 2.2 依据化学吸附能力对金属的分类

组	金属	气体						
		O_2	C_2H_2	C_2H_4	CO	H_2	CO_2	N_2
A	Ti,Zr,Hf,V,Nb,Ta,Cr,Mo,W,Fe,Ru,Os	+	+	+	+	+	+	+
B_1	Ni,Co	+	+	+	+	+	+	−
B_2	Rh,Pd,Pt,Ir	+	+	+	+	+	−	−
B_3	Mn,Cu	+	+	+	+	±	−	−
C	Al,Au	+	+	+	+	−	−	−
D	Li,Na,K	+	+	−	−	−	−	−
E	Mg,Ag,Zn,Cd,In,Si,Ge,Sn,Pb,As,Sb,Bi	+	−	−	−	−	−	−

注：＋很强的化学吸附；±弱的化学吸附；－观察不到化学吸附。

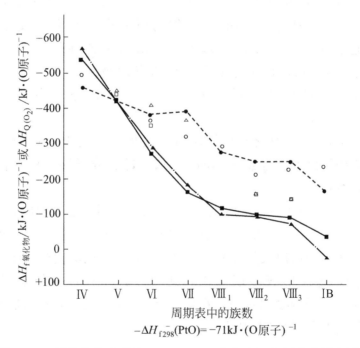

$-\Delta H_{f298}(PtO) = -71kJ \cdot (O原子)^{-1}$

图 2.10 氧化物的生成焓（$\Delta H_{f(oxide)}$，实心点）和氧在金属表面
的化学吸附焓（$\Delta H_{a(O_2)}$）与周期表中的族数的函数关系
○、●第一族过渡金属；□、■第二族过渡金属；△、▲第三族过渡金属

　　在拓展阅读 2.4 中提到，计算机模拟方法已经成功地应用到研究分子
和表面之间的相互作用，并且用来计算吸附热。但对这个主题的详尽解释
已经超出了这本书的范围。

2.11 物理吸附[9]

物理吸附和蒸气在表面冷凝形成液体层的现象密切相关。第一层分子先吸附在表面上，然后其他分子层以类似液体冷凝的方式吸附在这一层上面。研究物理吸附时的温度通常接近或是等于相应液体的沸点温度。在催化研究工作中最常遇到的是在液氮温度（78K）（在大气压力下开放容器中的沸点）下，用氮气分子的物理吸附测定高比表面积固体的比表面积。然而，其他分子也用于特殊情况的表面积测试，例如，在 78K 时氪和氙的吸附用来测定低表面积固体的表面积。CO_2的物理吸附也被用于测定分子筛的表面积。

物理吸附最常用的理论是 1938 年由 Brunnauer、Emmett 和 Teller 提出的，即 BET 理论。Emmett 和他的研究小组研究合成氨反应中铁催化剂的过程中，发展了用物理吸附方法区别各种催化剂的类型。在当时，人们已经发现了氮气在低温时的表面吸附，然而，由于不同的固体获得的等温线形状不同（见图 2.11），所以很难将一条等温线和另一条进行比较。

迄今为止，BET 理论比其他任何方法都更适用于量化的比较，因为利用这种方法可以计算任意固体的 V_m 值，即单分子层吸附容积，由此可以算出总表面积。

BET 理论是用前面所述的类似 Langmuir 理论的方法推导出的（一个分子吸附在一个空的表面位上直至形成该物种的单分子层，在这一过程中吸附热 ΔH_1 恒定）。另一层可以吸附在第一层上面，这一层的吸附热等于该物种的汽化热（ΔH_L），这样形成多层吸附，见图 2.12（随后的分子层吸附遵循 Langmuir 模型）。在多数情况下，在第一层吸附完成之前，第二层和随后的分子层就开始吸附了。最终方程是：

$$V_{ads} = \frac{V_m c p}{(p_0 - p)[1 + (c-1)p/p^\circ]} \qquad (2.25)$$

---

[9] 多相催化的教科书常在介绍化学吸附之前详细讨论物理吸附。在本书中，除了提到物理吸附是化学吸附的先导，我选择将其放在化学吸附之后介绍，这是由于对于物理吸附的详细了解对于理解多相催化作用是不太重要的。但在测量催化剂的总表面积以及测定催化剂的孔结构时物理吸附是很重要的，你的指导教师可能更愿意结合第 4 章有关催化剂表征的内容来讲解本部分。

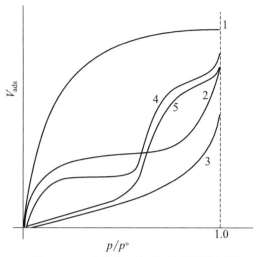

图 2.11　五种典型的物理吸附等温线

1—仅单分子层吸附；2—单层形成后，进行多层吸附；3—未形成单层前即开始多层吸附；

4—单层吸附后进行孔填充，最后形成多层吸附；5—单层形成前的孔填充和多层吸附

这里的 V_{ads} 是吸附气体的体积，V_m 是表面单分子层的饱和吸附量，p 是气体压力，p° 是吸附温度下的气体的饱和蒸气压，c 是常数，可由以下方程给出。

$$c = \exp\left[(\Delta H_1 - \Delta H_L)/(RT)\right] \tag{2.26}$$

式(2.25) 可以线性化为：

$$p/[v(p^\circ - p)] = 1/V_m c + (c-1)p/(V_m c p^\circ) \tag{2.27}$$

因此，$p/[v(p^\circ-p)]$ {或 $p/p^\circ/[v(1-p/p^\circ)]$} 对 p/p° 的作图将是一条直线，该直线在 y 轴上的截距是 $1/V_m c$，斜率是 $(c-1)/V_m c$。常数 c 和 V_m 的值也可由此确定 [或者在 x 轴上的截距是 $-1/(c-1)$，这里的 c 可以直接确定]

图 2.13 给出了一种遵循 BET 方程的典型的等温线。可以看出理论曲线和实验点在 $0.1 < p/p^\circ < 0.3$ 范围内很接近。但在 $p/p^\circ > 0.3$ 时，曲线开始明显偏离理论点。

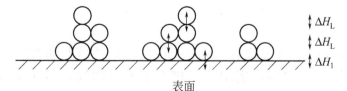

图 2.12　第一层和随后几个吸附层形成的示意图

请注意在单层吸附完成之前就可能开始发生多分子层的吸附

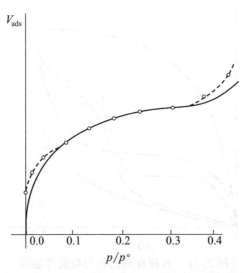

图 2.13　78K 时固体表面吸附氮气的典型结果

符合 BET 方程的实线很好地与实验点匹配，尤其是在 $0.1 < p/p° < 0.3$ 范围内

拓展阅读 2.7　Brunnauer、Emmett 和 Teller

　　Stephen Brunnauer 是匈牙利人，1903 年出生于布达佩斯，是 Paul Emmett（见下文）的第一个学生，也是他的一个博士后。他在战时从事爆炸物研究，战后在波特兰水泥公司的基础研发部门做过经理，而后成为克拉克森学院化学系的主任（见：http://www.caer.uky.edu/energeia/PDF/vol9-1.pdf）。

　　Paul Emmett（1900～1985）于 1937 年成为约翰霍普金斯大学化学工程系的主任；于 1943 年加入曼哈顿计划（在那里他开发出一种浓缩 [235]U 的方法），然后在梅隆工业研究所度过了几年，之后重回约翰霍普金斯大学化学系担任 W. R. Grace 教授。1971 年退休后，他成为波特兰州立大学的研究教授（见 http://en.wikipedia.org/wiki/Paul_H._Emmett）。

　　Edward Teller（1908～2003）也是匈牙利人，他是一个后来很有争议的人物，是乔治华盛顿大学的物理教授。他被说服与 Brunnauer 在这个项目上合作。他后来成为曼哈顿计划的成员，并以氢弹之父著称。详情参见维基百科文章：http://en.wikipedia.org/wiki/Edward_Teller。

　　图 2.14 给出了由方程式（2.26）转化得到的线性方程。再次可以看到，在 $p/p° \approx 0.3$ 之前，实验值很接近于理论曲线，但在 $p/p° \approx 0.3$ 之后有很明显的偏差。关于 BET 方程中的偏差，已经出版了许多文献，研究者们也一直在试图寻找更准确的方程。虽然如此，BET 方程已经成为

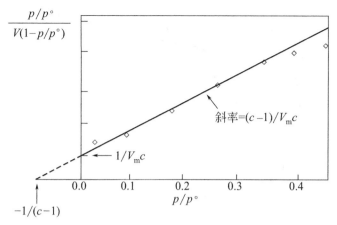

图 2.14　BET 方程的线性化图示

说明 V_m 如何从 X 和 Y 轴的截距获得，或从斜率和 Y 截距获得

一种测定 V_m 值以及确定吸附剂表面积的有力工具。这是因为对于任何固体，不论 ΔH_1 和 ΔH_L 的值是多少，它都能给出一个明确和可重复的数值。学生应该意识到盲目的应用该方程很可能导致错误的结果。例如，在较低或较高的 p/p° 值，实验点会偏离倒数曲线，这使得利用计算机自动最佳关联的方法有可能产生偏差。

　　还应该认识到，在 78K（液氮的沸点，$p^\circ=1bar$，101.4kPa）时使用氮气吸附的方法适用于相对高的表面积。一个非常实际的原因是：吸附测试通常采用容积法或重量法，测量的是压力或重量的变化。如果表面积很小，由于压力或重量测量精度的限制，可能无法得到准确的表面积。在 78K 时使用 p° 值很低的其他吸附剂，如氪（0.2kPa）或氙原子（4×10^{-4} kPa），使用容积法时有时能够克服上述困难。该实验需要配备压力测量精度分别为 0.02kPa 和 4×10^{-5}kPa 的装置，例如，使用麦克劳德压力计（http：//en. wikipedia. org/wiki/McLeod _ gauge/），可以测量比使用氮气时更小的吸附量[10]。

　　图 2.15 展示了 78K 时氮在使用高真空方法制得的干燥铁金属薄膜上的吸附曲线，曲线 1 为铁未暴露于 H_2S 中，曲线 2 表示铁在 306K 下暴露于 H_2S 中。图 2.16 为相应的 BET 曲线，从中可以分别计算出 V_m 的值是 $69.1\times10^{-3}cm^3$ 和 $55.5\times10^{-3}cm^3$[11]。

---

[10]　M. W. Roberts，J. R. H. Ross，Trans. Faraday Soc.，62（1966）2301.
[11]　本例中，气体吸附量用吸附体积单位表示，但也可以使用分子数量或重量。

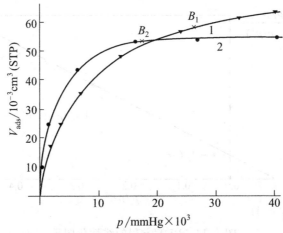

图 2.15　78K 时氪在铁金属薄膜上的吸附等温线

曲线 1 表示在 306K 时和 H_2S 反应之前，曲线 2 表示在反应之后。

来源：J. R. H. Ross，Ph. D. thesis，QUB，1966

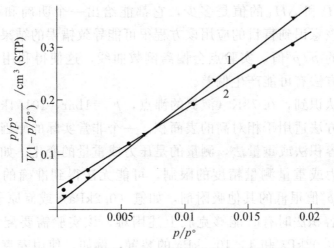

图 2.16　与图 2.15 中的数据对应的 BET 线性图

　　尽管对图 2.15 中的曲线进行目测就可以近似地估算单分子层的体积值，即"B 点"值，分别为 $58.0 \times 10^{-3} cm^3$ 和 $53.5 \times 10^{-3} cm^3$（B_1 和 B_2），但这些值要比通过 BET 方法得到的低，尤其是对于新鲜的铁样品，这些样品吸附等温线的拐点更加弥散。由于氪在新鲜的和硫化后的铁的表面的吸附常数 c 不同（分别是 401 和 1511），导致吸附自由能不同，从而造成了吸附等温线的形状不同。因此，硫化后的表面比未覆盖的金属表面对 Kr 具有更强的吸附能力。

　　通常认为在这种情况下氪原子占据的横截面积约为 $0.195nm^2$，并可

以此计算与 H_2S 反应前后的膜的面积分别是 $362cm^2$ 和 $290cm^2$。蒸发到耐热玻璃上的膜的几何表面积大约是 $150cm^2$，说明铁金属膜的表面积高于其几何面积。

2.12　$p/p°\geqslant0.3$ 时物理吸附等温线的特征

图 2.14 表明在 $p/p°$ 大于 0.3 时 BET 方程有一个明显的偏差。造成这一偏差的部分原因是 BET 方程没有考虑吸附层增加时吸附性质的变化。然而，导致这一偏差的一个更重要的原因是毛细管凝聚现象。对毛细管凝聚现象的深入介绍并不在本书的范围之内，有兴趣的读者可以参考关于吸附和毛细凝聚的书来扩展知识。

每个具有高表面积的固体都是由小颗粒（通常为纳米尺度）随机或有序地堆积而成的[12]，在颗粒间形成了形状和尺寸基本一致的间隙，通常被称为"孔"。绝不能认为这些孔都是圆柱形的或在外观上完全一致：它们可以是裂隙状；可以是有狭小开口和宽阔内部的墨水瓶状，可以是薄片之间的缝隙状，甚至可以是完全一样的，如分子筛晶体中的孔隙（见图 2.17）。然而，出于方便的目的，我们将假设所有的孔都是圆柱形的。

当在圆柱形孔的固体表面发生物理吸附时，在 $p/p°$ 值较低时，外部和内部表面首先出现单分子层。当相对压力升高时，在所有的表面发生多分子层吸附。如果仅考虑外表面（近似于外部平面面积），液体将在 $p/p°$ 接近 1 时才开始冷凝，换句话说，只有在压力等于饱和蒸气压时液化才会发生。[提醒：78K 时氮气的液化发生在 1atm（即 101.3kPa）下]。因此，在 $p/p°$ 接近 1.0 时，吸附体积快速增加并趋向于无穷大。但当孔存在时，它们在压力远远低于 $p°$ 值时就开始被填充（见图 2.18），这个过程初始的 $p/p°$ 值取决于孔的半径（见下文）。当孔被填满后，在压力趋于 $p°$ 的过程中，将在固体的外表面发生多层吸附。之后，如果蒸气压逐步降低，等温线将在一个较小的 $p/p°$ 值的范围内与吸附过程重合，这对应于外表面多分子层的脱附。直到 $p/p°$ 降低到一个更低的值后，孔中才开始进行解吸过程。等温线的"脱附分支"通常平行于"吸附分支"（但并不总是这样）。

---

[12]　典型催化材料的制备会在第 3 章进行更详细的讨论。

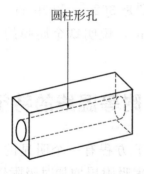

(a) 固体基质中理想的圆柱形孔

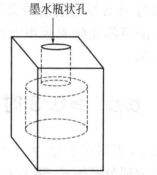

(b) 固体基质中的墨水瓶状孔

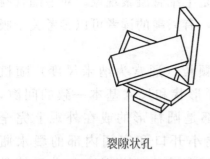

(c) 固体薄片中的裂隙状的孔

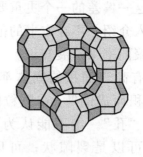

(d) X或Y分子筛结构中的规则孔

图 2.17　一些典型的孔的形状

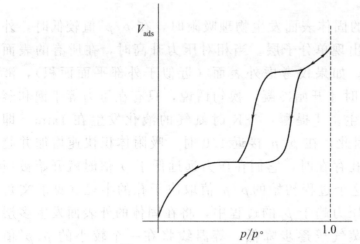

图 2.18　存在滞后现象的吸附等温线的图示
显示了孔的填充和排空过程

　　下面将简要说明吸附/脱附过程如何进行。如果固体吸附剂中有半径为 r 的均匀圆柱形孔（见图 2.19），在这些孔的弯曲液体表面的有效的饱和蒸气压将会降低，新的 p 值可通过开尔文方程计算：

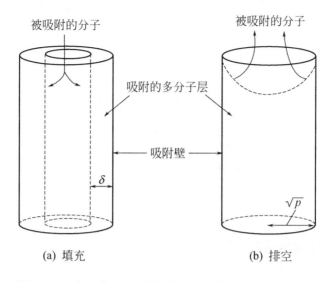

图 2.19　半径为 r 的圆柱形孔的吸附填充和脱附排空

当其吸附填充时，孔内先形成多分子层，直到孔被充满 (a)；然而，当
其脱附排空时，脱附首先在弧形界面上发生，渐渐向孔内发展 (b)

$$\ln p°/p'=2\gamma V\cos\varphi/rRT \tag{2.28}$$

这里的 γ 是液体的表面张力（对于 N_2 是 $8.72mN/m$），V 是摩尔体积（对于 N_2 是 $34.68cm^3$），φ 是液体和气体的夹角（对于液体 N_2 假设是零），r 是液体表面的弯曲半径。

当有两个弯曲半径（r_1 和 r_2）时，方程是：

$$\ln p°/p=\gamma V\cos\varphi(1/r_1+1/r_2)/RT \tag{2.29}$$

随着压力的升高，直圆柱孔由于发生冷凝而被填充，这个冷凝过程发生在已经存在的吸附层的上面［见图 2.19(a)］。可以认为孔的表面有两个半径，一个是（$r-\delta$），这里的 δ 代表孔隙层的厚度，另一个是孔的线性尺寸。将这些值代入方程式(2.30) 中，得到：

$$\ln p°/p'=\gamma V\ [1/(r-\delta)]/RT \tag{2.30}$$

如果孔是完全均一的，在一个恒定的压力 p' 下，吸附体积快速增加，直到孔被完全填满。如果孔的尺寸在一定范围之内，吸附体积将随着压力增加而缓慢增加。当厚度 δ 已知时，这些数据能被用来计算孔的直径（或孔径分布，如果孔的大小不同），δ 的值可以通过在毛细管冷凝开始时 $p/p°$ 的值及其吸附量计算出来。

在孔被完全充满后，剩下的吸附气体将覆盖外表面，此时最终的吸附体积可能会略有升高，直到固体所在容器被完全充满。总吸附体积（包括等温线的最后部分）与固体的总的孔体积一致，这是与催化相关的一个重要参数。

如果饱和表面以可控的方式脱附（换言之，按一定的步骤将吸附的气体移除），则得到等温线的脱附分支（见图 2.18）。此时孔道中发生的解吸过程与吸附过程不同：被吸附物从每个孔中的半球状表面被解吸出来，此时遵循方程式(2.29)[r_1 和 r_2 都等于没有发生吸附时的实际的孔半径 r，见图 2.19(b)]。如图 2.18 所示，等温线的"脱附分支"与"吸附分支"不同。根据两个分支计算出来的 r 值应该是一样的，但实际情况并不总是这样。

任务 2.6 表面积和孔结构

学习通过吸附的方法测量表面积和孔结构的相关文献，可以从 K. S. W. Sing 较近发表的文章 Adv. Colloid Interface Sci.，76（1998）3 开始。使用 Scopus 或者 Web of Science 检索引用 Sing 的综述的其他更为近期的文章，并列表总结最感兴趣的文章。

对于孔填充、孔形状以及对吸附数据更先进的处理（例如，BJH 方法[13]）的全面讨论已经超出了本书的范围。建议有兴趣的读者使用关于这个主题的一本好的教材来详细地进行研究。最早的一本经典的书是"Adsorption，Surface Area and Porosity" by S. J. Gregg and K. S. W Sing (2nd Edition)，Academic Press，New York and London (1982)。最近的一本书是"Characterization of Porous Solids and Powders：Surface Area，Porosity and Density"，by S. Lowell，J. E. Shields，M. A. Thomas and M. Thommes，Kluwer Academic Publishers (2004)。

---

[13] E. P. Barrett，L. G. Joyner，P. P. Halenda，"The determination of pore volume and area distribution in porous substances. I. Computations from nitrogen isotherms," J. Am. Chem. Soc.，73 (1951) 373.

催化剂是如何工作的？

3.1 引言

　　本章主要讨论催化剂：如何才能制备有效的催化剂，使其不仅能催化所要进行的反应，而且在催化反应器内苛刻的反应条件下，也能有足够长的使用寿命；如何表征这些催化剂并研究在反应过程中发生在其表面的所有反应？在第 1 章中，我们讨论了催化剂的性质并追溯了对催化剂的理解和应用的发展历史。而在第 2 章中，我们考察了物理和化学吸附现象，这对于催化剂的功能非常重要。现在我们将这两章的内容结合在一起，说明吸附对催化剂的功能起到了怎样的重要作用以及如何影响催化剂的性能。然后我们将考查一些典型催化剂的配方和一些发生在金属、氧化物和硫化物上常见的催化反应。

3.2 催化过程

3.2.1 双分子过程

　　在第 1 章中，我们介绍了抽象的均相反应：

$$A+B \Longrightarrow C+D \tag{3.1}$$

　　由方程可知，该方程代表一种平衡状态，此时物种 A 与 B 可逆地反应，得到物种 C 和 D。反应的平衡位置由热力学决定，一旦达到平衡，正向和逆向的反应速率相等。过程中能量变化如图 3.1 所示。

　　这张图中的反应是放热反应（ΔH-ve），但它同样可以说明吸热的情况。为了转变为产物 C 和 D，反应物 A 和 B 必须结合成一个活泼的（或过渡态）复合物 A—B$^+$，然后分解形成产物❶。形成复合物的活化能是 E_1，这个活化能远远高于分子 A 和 B 的平均热能（如果反应发生在气相阶段，可以非常直观地认为活化能是通过分子间一系列的气相碰撞产生的）。C 和 D 一旦形成，就会通过逆反应形成 A 和 B，这个变化的活化能是 E_2。当逆反应速率 R_2 与正向反应速率 R_1 相等时，整个反应就达到一

---

　　❶ 过渡态复合物的形成是在反应动力学标准教科书上采用的。这种处理也被扩展用于表面上的反应，请看几个文献中的例子：S. Glasstone，K. J. Laidler，H. Eyring，The Theory of Rate Processes，McGraw-Hill，New York，1941，但这一部分内容在这里不再进一步介绍。

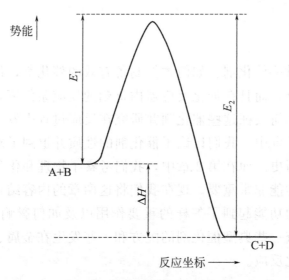

图 3.1 反应过程的能量变化：A＋B ⟶ C＋D

个动态平衡。如果正向和逆向反应都是基元过程

$$r_1 = k_1[A][B] \quad 和 \quad r_2 = k_2[C][D] \tag{3.2}$$

从中可以得出：

$$r_1/r_2 = k_1[A][B]/(k_2[C][D]) = k_{eq} \tag{3.3}$$

现在考虑这种情况，A 和 B 反应发生在固体表面时，这个固体表面既能吸附 A 也能吸附 B，如式(3.4)，吸附的物种 A_{ads} 和 B_{ads} 可以在表面转化为吸附的 C_{ads} 和 D_{ads}，然后二者经脱附得到气体产物 C 和 D：

$$A+B \xrightarrow{1} A_{ads}+B_{ads} \xrightarrow{2} (AB)^{\neq}_{ads} \xrightarrow{3} C_{ads}+D_{ads} \xrightarrow{4} C+D \tag{3.4}$$

∴ 拓展阅读 3.1　氢交换反应

　　催化剂表面上的双分子反应理论发展的初期是基于氢物种的反应：顺式（o）和反式（p）的氢交换和 H_2/D_2 交换的反应。顺式氢分子中质子的自旋是平行的（即同一方向），而反式氢中的质子自旋是相反的。低温（约 80K）对反式氢有利，石墨可以作为这种转化的催化剂。人们已经试验了多种催化剂用于这种不同状态分子氢之间的转换，例如过渡金属的蒸镀薄膜，人们已经证明反应的一般顺序是先在表面发生氢解离吸附，随后脱附重组：

$$o\text{-}H_2 \longrightarrow 2H_{ads} \longrightarrow p\text{-}H_2$$

类似的机理也适用于氢-氘交换反应：

$$H_2 + D_2 \longrightarrow 2H_{ads} + 2D_{ads} \longrightarrow 2HD$$

顺式和反式氢的转换反应需要采用复杂的热导测量来区分，但用质谱研究氢-氘反应比较简单。研究这两个反应，能够促进表面反应的两个已经很完善的机理得到进一步发展，即 Langmuir-Hinshelwood 和 Eley-Rideal 机理。我们将在第 6 章讨论这些。

只要每个阶段（吸附、表面反应和脱附）的速率都比整个气相反应过程的速率更快，那么表面上的反应（3.4）将比气相双分子过程优先发生[2]。这种情况可以用示意图 3.2 表示，为了简化，A_{ads} 和 B_{ads} 以及 C_{ads} 和 D_{ads} 分别用单个能量波谷表示，并假设吸附产物的相互转化是单步骤过程[3]。图中有两条曲线，曲线（i）表示 A 和 B 在吸附过程中不需任何活化能，而曲线（ii）表示 A 和 B 的吸附需要活化能。一旦 A 和 B 被吸附，它们可能经过中间吸附的复合物 $(AB)_{ads}^{\pm}$ 转化为被吸附的 C 和 D，然后这些表面物种脱附得到产物[4]。从这种类型的示意图获得的最重要的信息是，催化表面的存在改变了反应的路径，这条路径的活化能比气相反应路径低。在示意图 3.2 中，表面反应可能是速率控制步骤，那么整个反应的表观活化能就会和表面反应的能垒一致。从图和讨论中我们获得的第二条信息是催化反应可以有很多步，任何一步（或组合）都可能是速率控制步骤。

任务 3.1

解释 $E_1 - E_2 = \Delta H$。记住 $k_1 = A\exp[-E_1/(RT)]$（这是阿伦尼乌斯方程，其中 A 是阿伦尼乌斯常数，E_1 是活化能）。

---

[2] 碰撞理论解释了在气相的反应过程中所需的活化能是通过 A 和 B 之间的自由碰撞得到的。一旦形成产物，过剩的能量就会通过进一步自由碰撞消耗掉。

[3] 这种表述并不切合实际，因为 A 和 B 有不同的吸附热，同样 C 和 D 也有不同的吸附热；此外，表面转化过程涉及许多步骤。而且如果两个反应物存在吸附活化能，这些活化能也是不同的。脱附过程的情况也一样。该图仅表示催化反应是如何发生的。

[4] 可以想象有许多其他可能的曲线。例如，A 吸附可能有较高的活化能，而 B 的吸附可能不被活化；或者，C 或 D 的脱附可能有高的活化能。此外，如果 A 和 B 优先吸附在有一定距离的活性位上，A 和/或 B 也可能在催化剂表面发生活化扩散，使它们能够达到可以发生反应的活性位上。

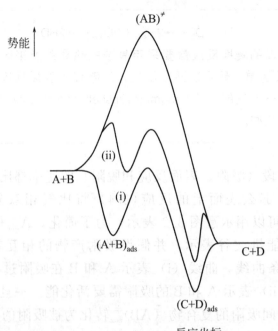

图 3.2　催化反应的能量示意图：A＋B ——→C＋D

3.2.2　单分子过程

类似于双分子反应，单分子反应的催化过程也可以在表面上完成。图 3.3 给出了一个简单模型反应的能量途径，分子 A 分解得到产物。

图 3.3 中上面的曲线代表非催化反应[5]。与上面讨论的双分子反应（图 3.1 和图 3.2）一样，虽然该反应是放热的，但所论述的观点同样适用于吸热反应。对于在气相中发生的反应，正反应的活化能为 E_1，逆反应的活化能为 E_2。反应焓 ΔH 等于 $E_1 - E_2$；如图 3.3 所示，当 E_2 大于 E_1 时，ΔH 值为负。

反应物吸附在表面时，会形成一个全新的状态 A_{ads}，产生吸附热 $\Delta H_{A(ads)}$。由于体系不同，这个吸附步骤的活化能 E_{ads} 可能是一个定值，也可能是零。A 物种一旦被吸附，就可通过表面反应转化成 P_{ads}，这个步骤的活化能为 E_{SR}。图中产物 P 也被吸附，吸附活化能为 ΔH_{Pads}。最后 P

---

❺　对于气相单分子反应，Lindemann 提出了一个修正的碰撞理论来解释反应活化能是如何获得的。这个理论基于反应物 A 与惰性分子（M）或者与未反应的分子 A 之间的碰撞。在这些碰撞中，A 与 M 或者与 A 碰撞获得能量，生成活化分子 A‡；然后，A‡ 和产物分子将多余的能量转移给 M 或其他分子。对于表面反应，能量很容易在表面获得。

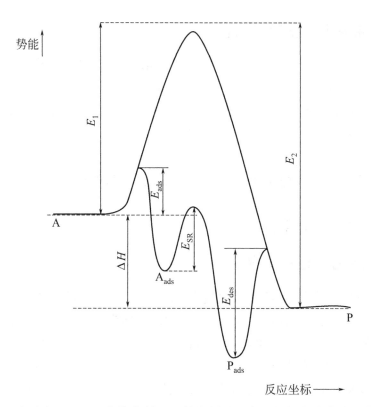

图 3.3　反应 A ——→B 有催化剂和无催化剂时反应的能量变化曲线示意图

脱附，脱附的活化能为 E_{des}。催化和非催化两个途径的反应初始状态和最终状态完全一样：催化剂所做的就是改变反应过程的能量，为反应物形成产物提供另一条路线。这是催化作用的基本原理：催化剂能引起化学反应速率的变化，但不影响总反应的热力学，也就是不影响化学平衡。

⁝ 拓展阅读 3.2　甲酸分解　⁝

　　甲酸分解反应就是这类反应的一个例子：

$$HCOOH \longrightarrow H_2 + CO_2$$

　　这是个轻微放热反应，$\Delta H°$ 的值为 $-32kJ/mol$。

　　因为有两个产物，每个产物的脱附都应该表示出来，所以图 3.3 的表示方式（如上面所讨论的双分子反应）严格意义上来说并不正确。这个反应还可能更复杂：有可能还生成 CO 和 H_2O 等其他产物，所以催化剂的选择性变得很重要（见下文）。反应所生成的各种产物取决于不同的表面物种形成的难易程度，以及这些表面物种转化成其他产物的难易程度。

3.2.3 催化过程的可逆性

催化作用的一个重要原则如图3.3所示：正反应的催化剂在适当条件下也能催化逆反应，正反应的速率控制步骤，也是逆反应的速率控制步骤（类似的观点也适用于上面所讨论的双分子反应）。例如，如果发现表面反应：

$$A_{ads} \longrightarrow P_{ads} \tag{3.5}$$

是正反应的速率控制步骤（rds），那么表面逆反应：

$$P_{ads} \longrightarrow A_{ads} \tag{3.6}$$

就是逆反应的速率控制步骤。

3.2.4 催化过程的选择性

催化的另一重要特点可以通过图3.3中一个例子的扩展来说明。如果A可以反应得到两个不同的产物，P和Q，如图3.4所示，催化剂对反应的"选择性"有非常显著的影响。首先考虑没有催化剂的反应，A可以反应得到两个产物，P和Q，反应速率由活化能 E_1^P 和 E_1^Q 决定；换句话说，只要两个反应的阿伦尼乌斯常数没有显著差异，P的形成速度会比Q更快，因此P将被选择性地生成（在图3.4中，较低活化能的反应生成的产物为P，其生成焓更负，但情况不一定都是这样）。如果使用了催化剂，A吸附得到 A_{ads}，然后（A_{ads}）分解得到P或Q，这两个过程的活化能的相对大小可能相反。只要指前因子没有太大差异，在图3.4所示的例子中，分子Q将是选择生成的产物，即使P在热力学方面更有利❻。这说明催化剂具有影响反应选择性的能力，往往会使在非催化体系中没有生成的产物，在有催化剂存在的同样的体系中生成，这使得催化剂在生产实践中非常重要。一个重要的例子是烃类的选择性氧化。非催化氧化反应通常只产生两个在热力学方面有利的产物，即 CO_2 和 H_2O；然而，如我们所知，选择性催化体系可以通过氧的选择性插入产生醛和/或酮，或者通过氢的选择性消除（"氧化脱氢"）得到烯烃。我们将在第8章（8.4节）详细介绍催化氧化这一课题。

---

❻ 该图做了简化，忽略了吸附的P和Q的波谷；如果产物吸附明显，就必须要考虑到其他步骤如产物的脱附，甚至吸附物种 Aads 的重排。这些步骤甚至可能成为"速率控制步骤"。

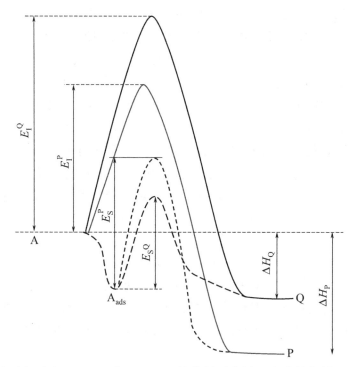

图 3.4　两个平行反应 A ——→P 和 A ——→Q 的能量示意图，表明催化剂可以改变选择性

3.2.5　动力学和机理

在概述吸附分子在催化剂表面上如何形成反应产物的过程中，我们重点讨论了整个催化反应的能量过程以及表面如何影响反应，有时甚至改变形成的产物。热力学和动力学不可避免地紧密联系在一起，并且我们也已经提到在催化反应过程中各个步骤的活化能垒的重要性。然而，我们将在第 6 章充分讨论催化中最常见的几种动力学表达式，如 Langmuir-Hin-shelwood、Eley-Rideal 和 Mars-van Krevelen 机理。在这之前，我们将在本章讨论常用催化剂的种类；然后我们将在第 4 章中讨论制备催化剂的相关重要问题，给出一些最常用的实际催化剂制备的例子，也讨论这些催化剂的表征，然后，在第 5 章中讨论催化过程中的传质传热问题。

3.3　催化剂和催化活性位

到目前为止，除在第 1 章中讲述催化的历史和在第 2 章中讲述吸附现象时引出了几个催化剂的组成外，我们只是简单地讨论了催化剂或催化活性位的性质。现在我们将简要描述一下目前使用的常见催化剂，尤其要注意这些材料的表面性质。我们将在第 4 和第 5 章详细地介绍催化剂的制备和表征。

不同的过程中使用的催化剂种类也有所不同。然而，最常见的催化剂是金属、氧化物和硫化物。虽然这几类催化剂都是以单组分的形式作为活性组分，但活性组分通常需要与其他组分一起使用，例如载体或助剂；此外，一个催化剂可能有几种不同的活性组分，例如，其中的一种可能是金属，另一种是氧化物。催化剂的活性状态高度依赖于催化剂所暴露的反应混合物气氛：可能是还原、氧化或硫化条件（见拓展阅读 3.3）。这里简要地讨论一些具有催化活性的金属、氧化物、硫化物以及它们的组合。

拓展阅读 3.3　氧化与还原条件

首先考虑简单分子的完全氧化，例如甲烷燃烧：

$$CH_4 + 2O_2 \longrightarrow CO_2 + 2H_2O$$

这个反应可以用大多数金属做催化剂。然而，在催化剂使用中，其表面实际上处于金属还是氧化物的状态，取决于金属 M 的氧化热力学性质，即：

$$M + 1/2O_2 \rightleftharpoons MO$$

如果这个反应处于平衡状态，它的平衡常数 K_p 写为：

$$K_p = a_{MO} / (a_M p_{O_2}^{e\,1/2})$$

这里 a_M 和 a_{MO} 是 M 和 MO 的活度。

由于两个固体的活度都是 1，则

$$K_p = p_{O_2}^{e\,-1/2}$$

因此，平衡压力值决定了在一个给定的氧分压 p_{O_2} 下金属是否被氧化。如果反应混合物中的氧分压 p_{O_2} 高于平衡压力 $p_{O_2}^e$，那么金属将被氧化；然而，如果氧分压低于平衡压力，金属将保持其还原态。这意味在甲烷催化氧化条件下，Pt、Ir 或 Au 等贵金属将保持其金属状态。然而，Pd 处于热力学的边界，有强有力的证据表明它在甲烷氧化反应中的活性相是氧化物。

如果金属 M 用于甲烷水蒸气重整：

$$CH_4 + H_2O \longrightarrow CO + 3H_2 \tag{3.7}$$

金属氧化的状态将取决于平衡：

$$M + H_2O \rightleftharpoons MO + H_2 \tag{3.8}$$

其中（与温度相关）的平衡常数 K_p 为：

$$K_p = p_{H_2} / p_{H_2O} \tag{3.9}$$

水蒸气重整反应最常用的金属催化剂是镍（见 3.4 节，也见第 4 章和第 8 章），只要在反应混合气中氢的分压超过总混合气的 1%，从热力学的角度考虑，镍在多数温度下倾向于以金属态存在。在实践中（见后文），催化剂在富氢气氛下预还原，通过在反应器的进料中加入少量氢气使其保持还原状态（或采用部分反应产物再循环使其保持还原状态）。

相同的讨论也适用于其他许多情况，在这些条件下催化剂的表面在反应中会发生改变，例如，在反应混合物中存在 H_2S 时，金属氧化物会逐渐硫化：

$$MO + H_2S \Longleftrightarrow MS + H_2O \qquad (3.10)$$

虽然这种硫化有时是有利的[7]，但对一些金属或金属氧化物来说，有微量 H_2S 存在时也可能发生不可逆的中毒。

虽然宏观的热力学数据常常预示着新相的生成，但必须认识到，表面过程和宏观过程的热力学参数不一定相同：处于催化剂表面的金属原子和处于体相中的原子所处的环境是不一样的，因此它们的热力学性质会有所不同。

3.4 金属催化

3.4.1 引言

表 3.1 列出了一些用于商业生产的金属催化剂。虽然元素周期表中几乎所有金属都可以用作催化剂，但催化剂配方中最常见的是过渡金属，因为它们有未充满的 d-轨道，这使它们的反应活性更高[8]。

历史上曾注重把未填满的 d-能带的性质与金属的催化性能联系起来，而现在更关注金属和反应物种之间的化学键合的性质（二维化学）。类似的观点用于说明氧化物、硫化物等材料的催化作用。

虽然有多个催化过程用纯金属作为催化剂，但是金属通常负载在氧化物和其他材料上作为催化剂。此外，更多的例子说明氧化物不仅是一种惰性的"载体"，还是对催化剂的活性和选择性都有贡献的组分。我们将在后面的章节中遇到许多体现载体重要性的例子。对金属催化剂而言，其表面积通常是最

---

[7] 用于加氢脱硫的 $CoO/MoO_3/Al_2O_3$ 催化剂的活性形式是硫化物。使用 H_2S 或有机硫化合物进行硫化。

[8] 催化的 d 带理论在许多早期标准教科书中都介绍过。例如，Bond, Heterogeneous Catalysis, Principles and Applications, Oxford Science Publications, 1987 (p.40)。

重要的参数，因为在大多数情况下，催化反应的速率与暴露的金属原子的数目成正比。然而也有例外：例如，金催化剂的催化性能非常依赖于其制备方法，并且通常金纳米粒子只有负载在载体上才会很活泼（见拓展阅读 3.4）。

表 3.1　用于商业生产的一些催化剂

工艺（过程）	催化剂	备注
合成氨	含助剂的铁催化剂	含钾和其他助剂
氨氧化	Pt/Rh 网	使用过程中金属网被严重侵蚀
费托合成	负载的 Fe 或 Co	最初负载在硅藻土上；使用多种助剂，例如 K
甲烷水蒸气重整	负载在载体上的 Ni（典型载体 Al_2O_3）	可使用多种载体和助剂
甲醇合成	$Cu/ZnO/Al_2O_3$	
甲醇氧化	不负载的银和 Bi/Mo	用 Ag 时甲醇过量；用 Bi/Mo 时空气过量
烃的重整	Pt/Re/载体	
汽车尾气处理	$Pt/Pd/CeO_2/Al_2O_3$	采用洗涂法负载的整体催化剂
排放气中 NO_x 的选择性还原	V_2O_5/TiO_2/骨架载体	还原剂通常是氨或尿素
乙烯氧化	$Ag/\alpha\text{-}Al_2O_3$	
油脂硬化	Ni/Al_2O_3	预还原的催化剂存储在植物油中

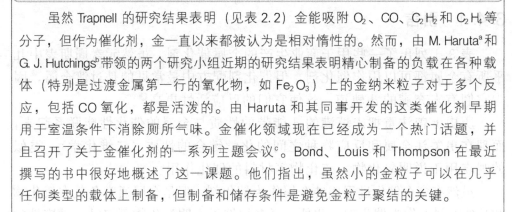

∴ 拓展阅读 3.4　金的催化作用

虽然 Trapnell 的研究结果表明（见表 2.2）金能吸附 O_2、CO、C_2H_2 和 C_2H_4 等分子，但作为催化剂，金一直以来都被认为是相对惰性的。然而，由 M. Haruta[a] 和 G. J. Hutchings[b] 带领的两个研究小组近期的研究结果表明精心制备的负载在各种载体（特别是过渡金属第一行的氧化物，如 Fe_2O_3）上的金纳米粒子对于多个反应，包括 CO 氧化，都是活泼的。由 Haruta 和其同事开发的这类催化剂早期用于室温条件下消除厕所气味。金催化领域现在已经成为一个热门话题，并且召开了关于金催化剂的一系列主题会议[c]。Bond、Louis 和 Thompson 在最近撰写的书中很好地概述了这一课题。他们指出，虽然小的金粒子可以在几乎任何类型的载体上制备，但制备和储存条件是避免金粒子聚结的关键。

──────────

[a]　M. Haruta, Catal. Today 36 (1997) 393；M. Haruta, Gold Bullet., 37 (2004) 27.

[b]　B. Nkosi, N. J. Colville, G. J. Hutchings, J. Chem. Soc., Chem. Commun. (1988) 71；G. J. Hutchings, Gold Bull., 29 (1996) 123.

[c]　最近的国际会议于 2009 年在海德堡大学召开［参见 Gold Bulletin, 42 (2009)，issues 1 and 2（http://www.goldbulletin.org）］；2006 年的会议在利默里克大学召开（Catalysis Today, 122，issue 3/4）。

56 │　多相催化：基本原理与应用

任务 3.2

使用拓展阅读 3.4 中的参考文献 a 和 b，考察制备稳定且具有活性的金催化剂的方法。思考目前金催化剂正在哪些工业上使用或者可以用于哪些工业反应。

许多金属催化反应是在完全还原的条件下进行的，这些过程最为人熟知的例子是合成氨和烷烃异构化反应（表 3.1），反应混合物中既没有氧气，也没有硫。在这些条件下，所有的金属都是热力学稳定的，大部分金属都是潜在的催化剂。然而，其他参数也很重要：如在反应条件下（Tamman 温度较低时），金属是否会由于表面原子扩散而烧结；金属是否会发生积炭等其他反应；是否会引发不需要的副反应。如果反应混合物中含氧或硫，那么情况就很不同，金属需要在反应条件下不易氧化或硫化，因此选择十分有限。

3.4.2 非负载金属催化剂

大多数金属催化剂由负载在高表面积氧化物材料上的金属粒子构成，以提供尽可能高的金属表面积。然而，也有一些非负载金属催化剂的例子。一个著名的例子（参见 1.2.4 节）是用 Pt/Rh 细丝编成的金属网进行的氨氧化反应：

$$4NH_3 + 7O_2 \longrightarrow 4NO_2 + 6H_2O \tag{3.11}$$

这个反应按以下两步发生：

$$4NH_3 + 5O_2 \longrightarrow 4NO + 6H_2O \tag{3.12}$$

然后：

$$2NO + O_2 \longrightarrow 2NO_2 \tag{3.13}$$

随后 NO_2 被水吸收生成硝酸：

$$3NO_2 + H_2O \longrightarrow 2HNO_3 + NO \tag{3.14}$$

由于在使用过程中表面不断变粗糙，使得所使用的金属网在不断地变化，直到金属网破坏而不得不更换[9]。这种渐进式恶化的原因还不完全清楚，

---

[9] 见 F. Sperner，W. Hofmann，Platinum Metals Rev. 20（1976）12；该杂志所有期次都可以在下面的网址免费获取 http://www.platinummetalsreview.com/dynamic/advancedsearch。

但可以在铂金属网内加大约 10%Rh 来减缓这一过程的发生❿。

氨氧化反应在温度 1000K 以上时发生，接触时间非常短（≤10⁻³ s），反应速率由反应物到金属网表面的传质速率控制；由于整个反应是高度放热的过程，这个过程一旦开始就能够为反应自身提供能量。

Pt 金属网材料也被用于气体混合物中挥发性有机化合物（VOCs）的催化氧化脱除。另一个非负载的金属催化剂是非负载银（电化学制备的颗粒排列在厚度约 1cm 的薄层上），用于甲醇选择性氧化生成甲醛：

$$CH_3OH + 1/2\,O_2 \longrightarrow HCHO + H_2O \tag{3.15}$$

全世界生产的甲醛中有大约一半来自银催化过程。这个反应是由 August Wilhelm von Hofmann 首次发现的，由于使用的甲醇过量，因此也会发生一些脱氢反应：

$$CH_3OH \longrightarrow HCHO + H_2 \tag{3.16}$$

另一种生产甲醛的方法是在氧过量的情况下使用 Fe/Mo/O 或 Fe/V/O 催化剂（FORMOX 工艺 http://en. wikipedia. org/wiki/Formaldehyde）。

由于使用温度相对较高，非负载金属催化剂易烧结，为了尽可能增大表面积，金属颗粒必须是稳定化的。因为烧结通常是表面迁移机理，因此可以通过加入"助剂"帮助金属原子固定在表面上，阻止表面迁移和/或粒子聚结，提高其稳定性。上面提到的用于氨氧化的铂金属网，加入 Rh 会减缓表面重排。另一个稳定金属粒子的例子是雷尼镍（见拓展阅读 3.5），镍晶格表面少量的氧化铝稳定了它的骨架结构。

❖ **拓展阅读 3.5 用于油脂加氢的 Ni 粒子的稳定化——雷尼镍** ❖

在 20 世纪初，非负载的镍粉作为催化剂用于植物油加氢反应，遇到了严重的金属粒子烧结问题。1926 年，美国的科学家和工程师 Murray Raney 发现使用浓氢氧化钠溶液将 Ni/Al 合金中大部分铝刻蚀掉可生产出更稳定的镍基催化剂，留下的镍骨架结构对加氢反应具有很高的活性。根据维基百科讨论雷尼镍的文章（http://en. wikipedia. org/wiki/Raney_nickel），活性材料含有镍金属和有助于稳定 Ni 粒子的镍/铝合金(另一种解释,见下文,是一些形成

---

❿　大约在 1968 年，我们实验室未发表的部分实验数据表明，当温度在约 1273K 时，在氧的分压很低的情况下加热铂丝，可在催化剂的正上方的气相中直接通过质谱检测到少量挥发性 Pt 氧化物（可能是 PtO）。

的氧化铝颗粒有助于稳定 Ni）。这些雷尼镍催化剂（也可以制备 Cu、Co 和 Ru 的类似结构）不仅用于油脂氢化，而且也用于硝基化合物加氢和其他类似的反应。雷尼镍在商业上也用于联吡啶的生产，联吡啶是用于生产农药的前体，由两个分子的吡啶结合而成（http://en. wikipedia. org/wiki/2, 2′-Bipyridine）：

$$2C_5H_5N \longrightarrow (C_5H_5N)_2$$

然而，在这方面，雷尼镍催化剂并没有特别的优势，因为现在采用共沉淀法制备的 Ni/Al 催化剂，经过预还原后，能够获得更高的转化率和更好的催化剂稳定性。

雷尼镍的特殊性质使得它优于无载体的细碎的 Ni，因为在它刻蚀过程中形成了"骨架"结构。无论骨架结构与残余的 Ni/Al 相有关，还是与存在的无定形氧化铝相有关，这种 Ni 颗粒比单纯的金属镍更耐烧结。这可能是由于残留的 Ni/Al 相或无定形氧化铝位于 Ni 颗粒之间，阻止它们彼此之间的物理接触。有一个类似的模型说明位于（更大的）Ni 颗粒之间的氧化铝相能够稳定共沉淀法制备的 Ni-Al$_2$O$_3$ 催化剂[*]。

----

[*] 参见：L. E. Alzamora，J. R. H. Ross，E. C. Kruissink，L. L. van Reijen，Coprecipitated nickel-alumina catalysts for methanation at high temperatures，Part 2，Variation of total and metallic areas as a function of sample composition and method of pretreatment，J. Chem. Soc.，Faraday Trans.，I 77 (1981) 665-681.

3.4.3　负载型金属催化剂

在上面讨论的许多非负载型金属催化剂的例子中，金属表面积相对来说不重要，因为这些金属所催化的反应的速率经常取决于外部的金属面积，反应速率与反应物到金属外表面的速率有关（例如氨氧化，氨通过气体扩散供应到 Pt 表面的速率是速率控制步骤；参见第 7 章）。对于表面反应是速率控制步骤的反应，催化剂的金属表面积成为最重要的因素。因此，尽可能增大易接触的稳定的金属表面积非常重要。虽然细碎的金属粉末具有高表面积，但在反应条件下很不稳定。因此要使用负载型金属催化剂。

顾名思义，负载型金属是指金属晶粒存在于载体表面。人们已经开发了许多在高表面积载体上制备非常小的金属晶粒的方法（见第 4 章），晶粒的直径达到了纳米尺度❶。最常用的载体是单一氧化物，如氧化铝或二氧化硅、复合氧化物如二氧化硅/氧化铝或沸石和活性炭。我们将在第 4 章讨论载体和催化剂的制备方法，并详细讨论负载型金属催化剂的制备和表征方法。在目前讨论的情况中，是负载型金属催化剂中的金属晶粒一般都位于载体的孔隙内，这些孔隙足够大，能使反应物扩散进去，使生成的产物扩散出来并脱离金属表面。图 3.5 所示为典型的负载型金属催化剂——Pt/氧化铝。

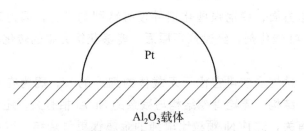

图 3.5 　负载型催化剂的示意图

负载型 Pt 催化剂的一个著名例子是汽车尾气处理催化剂❷。在这个例子中，Pt 负载在一层含有 ZrO_2、CeO_2 和 Al_2O_3 的复合氧化物上，该复合氧化物进一步负载在蜂窝结构载体上，这个载体一般由董青石等耐火氧化物组成；另外，有时也用 FeCr 合金（含 Fe、Cr、Al 和 Y 制成蜂窝状排列的结构）等特殊的合金制成金属网格载体。三效催化剂的一个非常好的例子可以在网址 http://www.dcl-inc.com/index.php? option＝com_content&view＝article&id＝61&Itemid＝72/ 上查到。

任务 3.3 　汽车尾气净化催化

查看描述汽车尾气处理催化剂技术发展的文献。第 8 章我们将回到汽车尾气净化催化剂的话题，讨论发生在"起催化作用的消声器"中各种反应的催化方面的内容，你的学习应该专注于技术的发展，从第一个控制传统汽油和柴油发动机排放的催化剂的初步介绍，到最近有关稀燃发动机催化剂的发展。你还应该查阅替代技术，如生物燃料和氢燃料电池的使用。

---

❶　在纳米技术引入以前很久，人们就已经开发了许多用于制备金属纳米颗粒的方法。纳米技术可以被定义为"在原子和分子尺度上控制物质的性质"（en. wikipedia. org/wiki/Nanotechnology），因此负载型金属催化剂的制备显然属于这个范畴。

❷　Pt 催化剂的另一个重要应用是烃的重整，将在第 8 章讨论。

你可以从催化剂制造商网站入手，如 http://ect.jmcatalysts.com/和http://www.catalysts.basf.com/Main/mobile_emissions/，或者汽车制造商如福特、通用和丰田的网站。参见 Johnson Matthey 关于尾气净化催化作用早期的一篇令人关注的文章 G. J. K. Acres, B. J. Cooper, Platinum Metals Rev., 16（1972）74（http://www.platinummetalsreview.com/dynamic/article/view/pmr-v16-i3-074-086/）。

许多关于负载型金属催化剂重要性的例子将在以后的章节中讨论。这些章节将以催化剂的制备方法或是在特定的过程中使用的催化剂为主题。应该认识到，载体本身可能不只是负载金属的惰性材料：它也可能在操作条件下对催化剂的活性、选择性和稳定性有贡献（见拓展阅读 3.6）。如上所述，催化剂的配方也可以包含多种改性剂或助剂。这些都将在以后章节中讨论。

> ### 拓展阅读3.6　载体中氧参与反应的证据
>
>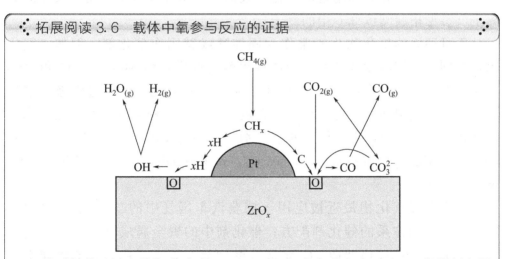
>
> 漫反射傅里叶变换红外光谱（DRIFTS）实验表明，在 Pt/ZrO$_2$ 催化剂上甲烷的二氧化碳重整机理如上图所示。甲烷在 Pt 活性位上分解形成的碳与载体上临近 Pt 微晶处的氧反应，载体被部分还原，之后部分还原的载体通过与来自气相的二氧化碳作用从而补充氧 [A. M. O'Connor, F. C. Meunier, J. R. H. Ross, Stud. Surf. Sci. Catal., 119（1998）819]。

3.5　氧化物

与金属通常在还原条件下使用的道理相仿，氧化物作为催化剂活性组分一般用于氧化气氛中的氧化反应，或者氧化物的还原受到动力学或者热力学限制的反应。

在选择性氧化反应中，催化活化氧化一般遵循 Mars-van Krevelen 机理（见第 6 章第 5 节）。按照这个机理，在氧化物表面依次发生氧化-还原反应。这一般需要构成活性相的氧化物中的金属离子有多种可能的氧化态。

这类氧化物催化剂包括 V_2O_5（可还原到+4 和+3 态）和 MoO_3（可还原为+5 和+4 态）。混合氧化物也常用于催化剂，例如，用于丙烯选择氧化制丙烯醛的 Bi/Mo 氧化物。我们将在第 6 章介绍选择性催化氧化。

不能被还原的氧化物通常作为惰性载体帮助稳定金属颗粒（见以上内容），如氧化铝（Al_2O_3）、二氧化硅（SiO_2）、氧化镁（MgO）和氧化锆（ZrO_2）。然而，即使使用这些相对稳定的氧化物，仍有证据表明金属和载体之间相互作用的区域提供了特殊位点，发生在负载型催化剂上的催化反应依赖于金属和界面附近的氧化物表面，甚至在反应中利用了载体的氧离子（参见拓展阅读 3.6 中的例子）。

不可还原的氧化物也常常作为固体酸或碱用作催化剂。例如，氧化铝，特别是煅烧温度较低时，会体现出酸的性质，而 MgO、CaO 和 BaO 有碱的性质。通过多组分共凝胶制备的氧化硅-氧化铝，经过洗涤、焙烧后，具有较强的酸性，这一材料现在被用作烃类异构化催化剂。在流化催化裂化（FCC）中，现在使用的催化剂是沸石［http://en.wikipedia.org/wiki/Cracking_（chemistry）/，http://en.wikipedia.org/wiki/Fluid catalytic cracking］。

碱土金属氧化物最近被应用于捕获汽车尾气中的二氧化硫。例如，BaO 加入丰田体系的催化剂配方；催化剂中的贵金属成分铂催化 SO_2 氧化为 SO_3，然后 BaO 吸收 SO_3 生成硫酸钡储存下来。在第 8 章将详细地介绍汽车尾气处理的催化过程。

拓展阅读 3.7 V_2O_5/TiO_2 催化剂上 NO_x 的选择性还原

一般用 V_2O_5/TiO_2 作为催化剂，用氨作为还原剂，选择性催化还原（SCR）发电站排放的含氧废气中的 NO_x[a]。我们列出了[b]反应可能涉及的步骤，包括步骤（ⅰ）和（ⅱ）中的表面 V^{5+} 的还原以及步骤（ⅲ）和（ⅳ）的再氧化：

$$V + O + NH_3 + NO \longrightarrow V{-}OH + N_2 + H_2O \qquad (ⅰ)$$

$$3V =O + 2NH_3 \longrightarrow 3V\square + N_2 + 3H_2O \qquad (ⅱ)$$

$$V\square + 1/2O_2 \longrightarrow V =O \qquad (ⅲ)$$

$$V\square + NO \longrightarrow V=O + 1/2N_2 \qquad\qquad (iv)$$

其中 V□ 表示表面空位或 V—OH 基团。其他文献已报道了基于详细的同位素交换实验结果得到的更详细的机理[c]。我们将在第 8 章详细讨论 SCR 过程。

---

[a] NO_x 是氮的各种氧化物的混合物的缩写，其中主要是 NO。在一个全面的综述中有 SCR 整个领域的总结 H. Bosch，F. J. J. G. Janssen，Catal. Today，2（1988）369。

[b] H. Bosch，F. J. J. G. Janssen，F. M. G. van den Kerkhof，J. Oldenziel，J. G. van Ommen，J. R. H. Ross，Appl. Catal.，25（1986）239.

[c] F. J. J. G. Janssen，F. M. G. van den Kerkhopf，H. Bosch，J. R. H. Ross，J. Phys. Chem.，91（1987），5921，6633.

3.6 硫化物

硫化物催化剂最常用于反应中存在硫的化合物的反应，反应条件有利于催化剂中的金属或氧化物形成硫化物。最常用于加氢脱硫（HDS）的 $Co/Mo/Al_2O_3$ 催化剂：

$$RSH + H_2 \longrightarrow RH + H_2S$$

所制备的催化剂包含负载在大表面积的氧化铝上如 $\gamma\text{-}Al_2O_3$ 的 CoO 和 MoO_3 混合物。然而，在加氢脱硫条件下，表面的 Co 和 Mo 会转化成一个稳定的硫化物结构。有关 Co 和 Mo 物种的相对位置已经有很多的报道，但现在人们普遍认可 Co 离子位于 MoS_2 形成的小片状晶体的边缘。我们将在第 8 章继续讨论。

任务 3.4　加氢脱硫催化剂*

位于丹麦宁比的 Haldor Topsøe A/S 公司（http://www.topsøe.com）在加氢脱硫催化剂的应用以及其他化学工业技术方面处于前沿地位。Haldor Topsøe 是一个相当独特的公司，这个公司除了积极宣传商用催化剂及其工艺，也对它所推广的相关工艺进行重要的基础研究。仔细查阅 Haldor Topsøe 的网站，研究 Haldor Topsøe 推向市场的催化剂和催化工艺。尝试找出一些与 Haldor Topsøe 在这些方面竞争的公司。Haldor Topsøe 公司在加氢催化剂领域的一些重要发展是基于 Henrik Topsøe

（公司创始人的儿子）的工作。查看 Henrik Topsøe 的一些出版物，概述"Brim"技术背后的科学原理（http://www.topsøe.com/research/BRIM_story.aspx）。

---

* 我们将在第 8 章回到这一主题。

3.7　结论

我们在这一章了解了催化剂是如何起作用的，讨论了金属、氧化物和硫化物作为催化剂的一些内容。下面我们将更详细地考察催化剂的制备、表征和测试。

第4章

催化剂的制备

本章要点

4.1 活性表面积和催化剂结构的重要性

我们在第 3 章中讨论了多相催化反应过程，催化过程是在具有催化活性的材料的表面上，通过反应物种与催化剂表面原子键合的形成与断裂来完成的。因此，多相催化研究的实质是在二维尺度上发生的化学过程，而在三维尺度上同时发生的反应物和产物分子接近和离开催化剂表面的过程增加了研究的复杂性。为了提高反应的速率，催化剂需具有高表面积。如果表面成分不均匀（以负载金属催化剂为例，其表面包括金属位点、惰性或相对惰性位点、载体位点等），则必须要有尽可能多的参与反应的分子的吸附位。此外，催化剂的表面（包括外表面和内表面）必须是气相（或液相）的反应物分子能够到达，并且是产物能够离开的表面，这将在第 5 章进行详细讨论。前面的章节中讨论了反应(4.1)：

$$A+B \longrightarrow P \tag{4.1}$$

这一反应的过程如图 4.1 所示。气相的每个 A 分子和 B 分子在接近固体催化剂材料的过程中，都会与其他 A 分子、B 分子、产物 P 分子乃至其他惰性气体发生一系列碰撞。当 A 分子到达固体催化剂后，为到达活性表面（如嵌入孔内的金属晶体），其需要在孔内扩散，在这一过程中会与孔壁以及其他气相分子碰撞，与表面碰撞和与气相碰撞的相对数量取决于孔径以及反应条件（温度和压力）。一旦在活性表面上吸附，由 A 得到的物种能够与同样来自于扩散和吸附的 B 的吸

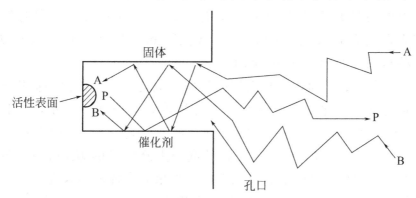

图 4.1　催化反应过程示意图

分子 A 和 B 接近并进入催化剂的孔道中，并被吸附在孔道内
的活性表面。反应之后，产物 P 脱附并从孔道中扩散出来

附物种发生反应，得到吸附态的产物 P；然后 P 解吸，从孔内扩散出来并离开催化剂表面。这一反应过程的速率可由 A 或 B 的吸附速率、A 与 B 的表面反应速率或产物 P 的脱附速率决定，也可能受反应物（或产物）到达（或离开）催化剂表面以及进入或从孔道中出来的扩散速率影响。因此，除了具有高活性的催化表面，催化剂还必须有容易接近的内表面和外表面。以后我们会看到，并不是所有的固体表面都需要具有活性。

以下各节将讨论适合实际应用的具有高活性表面的催化材料的制备，也将讨论具有这种特点的催化剂的织构的重要性。还将讨论一些重要的催化剂表征方法。

4.2 活性表面

一个有效的催化剂可能有许多不同类型的表面活性位，每个活性位能够催化某个单一的反应或一系列相关反应。如前面的章节所讨论的，最常见的活性物种是金属、氧化物和硫化物，但许多其他的材料也具有催化活性。如前面（第 3 章）所讨论的，金属最常用于碳氢化合物反应，如碳氢化合物重整或天然气的水蒸气重整。氧化物则用于更多类型的反应，典型的是选择氧化反应。然而当氧化物具有酸性或碱性时，还可用于需要酸或碱的反应，一个典型的例子是烃类催化异构化。硫化物可以用于涉及含硫分子的反应，例如加氢脱硫反应。这里需要注意：所有的规则都可能被打破，特别是在如此复杂的催化领域，以上的概括并不适用于所有催化反应。我们现在要考虑的是一些制备和表征具有高表面积的金属、氧化物和硫化物的最重要的方法，以及这些材料如何在实践中应用。

为了获得大的表面积，从而提高表面反应速率，应该提高催化剂活性组分（如金属、氧化物或硫化物）的分散度。如图 4.2 所示，边长 1cm 的立方体的表面积为 $6cm^2$，而将其分割成八块边长 0.5cm 的立方体后，总表面积为 $8 \times 6 \times 0.5^2 = 12cm^2$。将其进一步分割成 64 块边长 0.25cm 的立方体后，总面积为 $24cm^2$。以此类推，如果立方体的边长是 1nm，材料的总表面积是 $6 \times 10^7 cm^2$（6000m^2），面积增大 10^7 倍。如果反应物分子能够充分到达每个小（纳米）粒子的表面，发生在粒子上的催化反应的速率将增加相同的倍数。

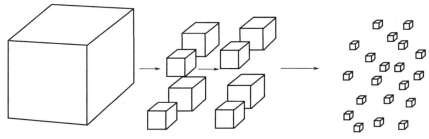

图 4.2 分割固体立方体导致表面积增加的示意图

任务 4.1

计算将边长为 1cm 的立方体分割为边长 5nm（50Å）的立方体后的总表面积。

所有的材料都有表面能，这相当于液体的表面张力。与液体类似，材料倾向于具有尽量小的表面积，以降低其总表面能。这意味着如果不采取一定的方法加以阻止，粒子将倾向于重新聚结形成最初的立方体。当固体的温度接近它的 Tamman 温度（即该固体中原子可移动的临界温度）时，粒子的聚结变得尤为显著（见第 2.2 节和 4.3 节）。这一聚结的过程被称为"烧结"。尽管在某些过程中烧结是必要的（如陶瓷的制造过程），多相催化剂需尽量避免烧结，因为任何烧结都会造成催化活性的下降。

防止活性组分烧结的一种方法是将该活性组分（不一定是单一的金属或氧化物）的颗粒固定在另一具有高表面积材料（"载体"）的表面，从而避免活性组分原子的迁移和相互接触，这就是"负载型催化剂"的原理，活性组分固定在惰性和稳定的载体材料的表面（见第 3 章）。

> **拓展阅读 4.1 表面能的最小化**
>
> 任何尺寸的液滴以球形存在时都具有最小的表面积，此时其具有最低的表面能。两个单独的液滴具有合并成一个液滴的趋势，以降低总表面能。一个典型的例子是一个平面的两滴汞会合并为一滴。同样的，两个肥皂泡相互接触会合并成一个单一的肥皂泡（见任务 4.2）。

任务 4.2

两个肥皂泡用一个圆柱管连接。

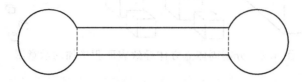

肥皂泡会保持相同的大小吗？如果不会，将发生什么现象？（注意，起初形成的肥皂泡接近球形，任何偏差都是由于重力的影响）。

答案：一个将变小，另一个将变大，直到两个肥皂泡的总表面积达到最小值。思考：最终形成的单一皂泡的直径由什么决定？

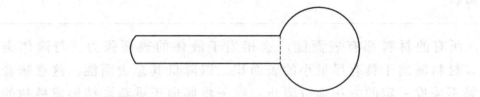

拓展阅读 4.2　载体的影响

载体不一定是完全惰性的。在活性组分和载体之间常常会有一些相互作用。一种极端情况是活性组分"粘到"无活性的材料上，另一种极端情况则是活性材料和载体之间存在"协同作用"。

在另一类催化剂中，活性组分是主要相，在其中加入少量的另一种物相以避免活性组分的相互接触和合并，从而防止其烧结，如通过共沉淀法制备的具有高镍含量的镍铝催化剂。该催化剂用于水蒸气重整或脂肪硬化，其中氧化铝颗粒存在于 Ni 晶粒之间（见 4.4.2）。

下面将介绍一些典型载体的制备，然后将讨论一些典型的负载型催化剂和共沉淀催化剂的制备（必要时需要预处理）。我们还将讨论这些催化剂的表征方法。

4.3 催化剂载体

4.3.1 导论

本书将不会介绍所有催化剂载体的制备和表征，而是讨论几种典型的载体，并概括出一些适用于绝大多数载体的结论[1]。

最常用的载体材料是耐高温金属氧化物，高熔点使其在多数使用条件下保持稳定。构成氧化物的离子在 Tamman 温度［大约为熔点温度（K）的一半］左右时变得能够移动。如表 4.1 所示，典型的载体氧化物的熔点范围为 1500～2700℃，因此这些氧化物都可以在大约 640℃（SiO$_2$-Al$_2$O$_3$）或更高温度下使用。

一些氧化物体系更加复杂，在使用条件下可能发生相变。在不同的相变过程中可能形成多种氧化物，其中一些氧化物在很宽的温度范围内是稳定的，而另一些则不稳定（此外，当操作条件发生改变，如暴露于水蒸气中时，原本稳定的物相也可能会发生变化）。举例来说，TiO$_2$ 能够形成三种不同的结构：锐钛矿型、金红石型和板钛矿型。锐钛矿型 TiO$_2$ 的表面积能达到 80m^2/g，而在高于约 550℃ 时形成的金红石型 TiO$_2$ 的表面积则很低。TiO$_2$ 的 Tamman 温度大约是 800℃（见拓展阅读 4.3），所以在这种情况下的相变不涉及上面提到的与烧结相关的体相扩散过程。因此选择任何一种材料作为催化剂载体时都必须详加考察，以确保在特定的催化反应条件下，载体不会出现烧结或发生相转变的情况。

选择载体材料（氧化物或其他化合物）的另一个重要的参数是固体的织构。载体需要具有相对高的表面积，以及大小合理、形状规整的孔结构，从而利于反应物的进入。表面积是一个重要的参数，因为被负载的材料必须具有高表面积，以保证足够的催化活性。孔结构也是一个重要的参数，

---

[1] 为了更详细地讨论催化剂制备，读者可以参考其他教科书，如由 James T. Richardson 编写的 "Principles of Catalyst Development"（Plenum Press，New York and London，1989）；由 John Regalbuto 编写的 "Catalyst Preparation，Science and Engineering"（CRC Press，Boca Raton，London，New York，2007）；在比利时 Louvain la Neuve 召开的国际会议 "International Symposia on the Scientific Bases for the Preparation of Heterogeneous Catalysts" 的一系列进展论文，这些论文发表在 Elsevier 科学出版社的系列丛书 "the Studies in Surface Science and Catalysis Series" 中。所有这些书籍能通过 Science Direct 访问，并能在 Scopus 中检索。

因为参与催化反应的分子必须能够通过孔道扩散到活性催化表面，产物也必须能扩散出孔道，如在 4.1 节中讨论的那样（如果反应只发生在催化剂的外表面，那么它的"有效因子"非常低，从而导致催化剂中大部分活性组分无法被利用。如果活性组分的成本很高，如 Pt，则更是十分不利的）。

表 4.1　一系列常用于催化剂载体的氧化物及在某些情况下
作为"助剂"添加的氧化物的熔点和 Tamman 温度

氧化物	熔点/K	Tamman 温度/K	氧化物类型/备注
$\gamma\text{-}Al_2O_3$	(2318)	(1159)	酸性,加热转变为 $\alpha\text{-}Al_2O_3$（见正文）
$\alpha\text{-}Al_2O_3$	2318	1159	两性
SiO_2	1973	987	酸性
$SiO_2\text{-}Al_2O_3$	1818	909	强酸性
MgO	3073	1537	碱性
CaO	2853	1427	碱性
$CaSiO_4$	2407	1204	碱性
ZrO_2	2988	1494	两性
Cr_2O_3	2708	1354	两性
CeO_2	2873	1437	两性
La_2O_3	2588	1294	两性
$MgAl_2O_4$	2408	1204	中性
$ZnAl_2O_4$	2100	1050	中性

注：表 4.1 中的温度值是不精确的，不同的来源提供的数据略有差别。
来源：J. T. Richardson, Principles of Catalyst Development, Plenum, New York and London, 1989。其与 Handbook of Chemistry and Physics, Chemical Rubber Company, 1974. 提供的数据十分接近，但并不完全一致。但在本讨论中仅需保证数量级的一致。

下面我们将介绍几种最常见的催化剂载体的制备和使用，包括氧化铝、二氧化硅、二氧化钛、氧化锆和碳。

4.3.2　氧化铝（Al_2O_3）

氧化铝是多相催化剂制备中最常用的载体。这主要是因为它相对便宜，并且可以容易地被制备成具有高表面积的形式，同时具有易于进入的孔隙结构。另一个重要因素是它是相对惰性的，不易与负载组分形成化合物（见下文）。事实上，在某些应用中，氧化铝（见下文）的酸性对催化剂的性能具有重要影响。应注意的是，催化剂载体所用的氧化铝和用于冶炼金属铝的氧化铝具有相同的制备路线，由于铝工业的规模非常大，用于其他目的的氧化铝具有很大的供应量。

Tamman 温度也可作为评价选择性氧化催化剂中氧离子迁移率的指标。例如，基于以下数据，Chen 等[*]认为，与钼或钨的氧化物相比，由于钒的氧化物具有最低的 Tamman 温度，因此其具有可移动晶格氧离子的可能性更高。

各种金属氧化物的 Tamman 温度和熔点

金属氧化物	熔点/K	Tamman 温度/K
V_2O_5	963	482
MoO_3	1068	534
Bi_2O_3	1098	549
CuO	1599	780
WO_3	1745	873
Fe_2O_3	1838	919
TiO_2	2128	1064
ZnO	2248	1124
NiO	2257	1129
Cr_2O_3	2538	1269

---

[*] Kaidong Chen, Alexis T. Bell, Enrique Iglesia, Kinetics and mechanism of oxidative dehydrogenation of propane on vanadium, molybdenum, and tungsten oxides, J. Phys. Chem. B, 104 (2000) 1292e1299.http://iglesia.cchem.berkeley.edu/JPhysChemB_104_1292_2000.pdf.

用于制备氧化铝的原料是铝土矿。通过拜尔过程对这种不纯的矿物进行处理，首先用 NaOH 从矿石中将铝溶解分离出来，然后对得到的铝酸钠溶液进一步处理，形成氢氧化铝（三羟铝石）沉淀，之后焙烧得到氧化铝（http://www.eaa.net/en/about-aluminium/production-process）。通过这种方法制备的氧化铝具有较高的纯度，但可能含有痕量的钠离子杂质。用于催化的氧化铝需具有非常高的纯度，通常从纯盐如硝酸盐溶液中制备得到❷。盐溶

---

❷ 如果使用另一种可溶性盐如硫酸盐或氯化物，所得到的氧化铝将含有微量硫酸盐或氯离子，这些可能对用这些材料制成的催化剂有害。

液用碱❸（如氨水）处理，得到氢氧化铝沉淀（三水铝石、三羟铝石或诺三水铝石）或羟基氧化铝（一水软铝石或一水硬铝石❹），实际结构取决于沉淀的步骤和沉淀物的老化条件。

之后，通过焙烧氧化物或羟基氧化物使其脱水形成氧化铝。干燥和焙烧的条件也可能是决定氧化铝结构的关键因素，尤其是焙烧温度对于所得到氧化铝的结构和表面积有极显著的影响。对于沉淀、干燥和焙烧步骤已经有许多研究，其中最权威的研究之一是 B. C. Lippens 的研究工作 [Thesis，T. U. Delft，1961；B. C. Lippens，J. J. Steggerda，in：B. G. Linsen（Ed.），The Physical and Chemical Aspects of Adsorbents and Catalysts，Academic Press，1970]。他的研究工作解决了在早期的文献中存在的命名混乱的问题，给出了各种过渡氧化铝和最终的 α-Al_2O_3 生产的顺序，如图 4.3 所示。

正如上面所指出的，氢氧化物或羟基氧化物前趋体的形成取决于制备条件。然而，如果所需的产品是 γ-Al_2O_3，应首先由三水合化合物中的一种经过水热处理形成一水软铝石（羟基氧化铝的一种），然后在约 723K 下焙烧。作为通常所说的过渡态氧化铝，γ-Al_2O_3 是最常用的一种催化剂载体。χ 和 η 型氧化铝也被用作催化剂载体，与 γ-Al_2O_3 相比，这两种结构的载体的稳定温度显著提高，而其他性质则基本相同。

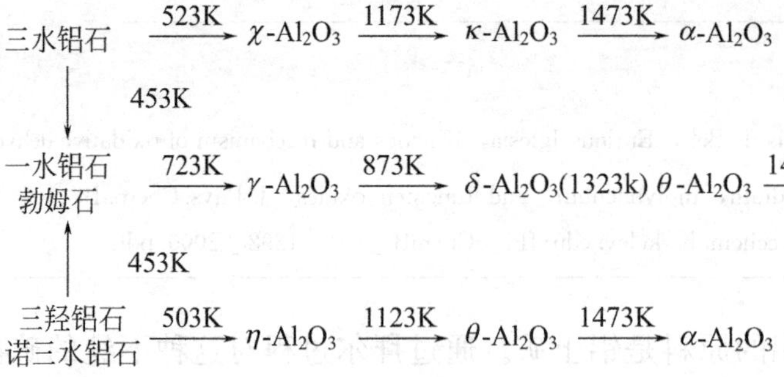

三水铝石 $\xrightarrow{523K}$ χ-Al_2O_3 $\xrightarrow{1173K}$ κ-Al_2O_3 $\xrightarrow{1473K}$ α-Al_2O_3

$\downarrow$ 453K

一水铝石 勃姆石 $\xrightarrow{723K}$ γ-Al_2O_3 $\xrightarrow{873K}$ δ-Al_2O_3(1323k) θ-Al_2O_3 $\xrightarrow{1473K}$ α-Al_2O_3

$\uparrow$ 453K

三羟铝石 诺三水铝石 $\xrightarrow{503K}$ η-Al_2O_3 $\xrightarrow{1123K}$ θ-Al_2O_3 $\xrightarrow{1473K}$ α-Al_2O_3

一水硬铝石 $\xrightarrow{503K}$ α-Al_2O_3

图 4.3　各种晶型氧化铝的制备

来源：B. C. Lippens（Thesis），T. U. Delft，1961；B. C. Lippens，J. J. Steggerda，in：B. G. Linsen（Ed.），The Physical and Chemical Aspects of Adsorbents and Catalysts，Academic Press，1970

---

❸　如果使用碱如 NaOH 或 Na_2CO_3，所得到的氧化铝可能含痕量相关的阳离子，这又是不可取的。

❹　一水硬铝石还可从天然矿物中得到。

任务 4.3

用 Scopus 或 Web of Science 查找关于氧化铝的文献。Lippens 的论文既没有在 Scopus 中收录，也没有在 Lippens 及 Steggerda 的书中引用。因此应检索 B. C. Lippens（注意他是 Lippens 的儿子，有同样的名字缩写，后来出版了几篇文章）的其他文章。特别是在 J. Catal. 上发表的一系列论文 [3（1964）32-37，38-43，44-49 和 4（1965）319-323]。另一条线索是最近 C. Monterra 和 G. T. Magnacca 发表的论文 [Catal. Today 27（1996）497-532]，相关的论文还有 J. B. Peri 写的关于光谱法研究氧化物表面（见下文）的论文。

所有的过渡态氧化铝的结构在温度高于 873K 时发生改变，在温度约 1473K 全部转化为 α-Al_2O_3（刚玉），相对转化速率明显取决于制备前驱体的结晶程度。刚玉具有结晶良好的尖晶石结构，而过渡态氧化铝则具有形变的类尖晶石结构。Lippens 和其他作者一致认为过渡氧化铝结构的不同在于其中的八面体和四面体占据的相对位置不同❺。

所有的过渡态氧化铝都具有相对高的表面积，通常有几百平方米每克，用于制备一般在 500℃ 以下使用的催化剂。由于其表面在前驱体分解过程中或之后与气氛中的水发生相互作用，形成高浓度的羟基，使它们都有酸性的表面特征：

$$\begin{array}{ccccc} & & H_2O & & OH \quad OH \\ & O & \curvearrowleft & & | \quad\quad | \\ \diagup & \diagdown & \longrightarrow & \diagup & \diagdown \\ Al & Al & & Al & Al \\ \diagdown & \diagup & & \diagdown & \diagup \end{array} \tag{4.2}$$

表面形成的 AlOH 物种有 Brönsted 酸的特性。换言之，它们解离时给出质子，因此可看做是固体酸。反应式(4.2)中的前驱体脱水后的表面是路易斯酸。如果表面不完全水合，或在焙烧中部分脱水，则表面既有路易斯酸又有 Brönsted 酸。正是这种酸性使氧化铝特别适合作为多相催化

---

❺　最近 G. Paglia 对 γ-Al_2O_3 的结构和性能进行了全面的研究。他的博士论文详细描述了这项工作，论文能在网上得到（http://adt. curtin. edu. au/theses/available/adt-WCU20040621. 123301/unrestricted/01front. pdf. ）。论文中包含了基于这项工作发表的文章的列表。

剂的载体：如后面所述，这些 OH 基除了提供催化组分前体的吸附位之外，还具有酸性，这可能会提高最终得到的催化剂的性能。在一篇关于氧化铝表面脱水的重要论文中，J. B. Peri 用红外和重量法研究了 γ-氧化铝的脱水过程[6]，结果表明 OH 固定在表面特定位点上，甚至在高温下脱水后也是如此。

除 γ-，χ- 和 η-Al_2O_3 以外，其他几种形式的氧化铝很少用作催化剂载体，因为它们的表面积一般比过渡态氧化铝低得多（当然，在较高的使用温度下，这些晶体结构可能在催化剂中生成，这通常会导致失活，见 4.4.2）。刚玉是一种非常坚硬的低表面积的耐高温材料，一般作为陶瓷使用。然而可以制备出具有多孔结构的刚玉，并用作一些催化剂的载体（见 4.4.2.3）。

在开始描述使用高表面积载体制备催化剂的过程之前，我们将先讨论一些用于催化剂的其他载体材料。

4.3.3 二氧化硅（SiO_2）

二氧化硅有许多应用，包括玻璃、白色耐磨陶瓷、干燥剂、牙膏和去污粉及类似制品的成分、某些食物的组分（例如汤增稠剂），以及作为催化剂载体（http://en.wikipedia.org/wiki/Silicon_dioxide）。与用作干燥剂的二氧化硅一样，作为催化剂载体的二氧化硅通常需要具有高的表面积和孔体积[7]。

作为典型的干燥剂，硅胶是通过在热烧碱中溶解石英砂（石英）制备的：

$$SiO_2 + 2NaOH \longrightarrow Na_2SiO_3 + H_2O \tag{4.3}$$

之后，硅酸钠与酸（通常是硫酸）反应，形成硅酸和硫酸钠：

$$Na_2SiO_3 + H_2O + H_2SO_4 \longrightarrow H_4SiO_4 + Na_2SO_4 \tag{4.4}$$

然后，硅酸按聚合链增长机理进一步缩聚形成硅酸盐链：

$$H_4SiO_4 + H_4SiO_4 \longrightarrow HO\!-\!\underset{\underset{OH}{|}}{\overset{\overset{OH}{|}}{Si}}\!-\!O\!-\!\underset{\underset{OH}{|}}{\overset{\overset{OH}{|}}{Si}}\!-\!OH + H_2O \longrightarrow HO\!\left[\underset{\underset{OH}{|}}{\overset{\overset{OH}{|}}{Si}}\!-\!O\right]_n\!H \tag{4.5}$$

---

[6] J. B. Peri, J. Phys. Chem., 69 (1965) 211, infrared and gravimetric study of the surface hydration of γ-Al_2O_3.

[7] 也使用在空气/氢火焰中燃烧 $SiCl_4$ 形成的白炭黑：$SiCl_4 + 2H_2 + O_2 \to SiO_2 + 4HCl$。

硅酸盐链彼此之间相互作用，首先形成溶胶，然后固化得到硬的凝胶❽。硅溶胶的浓度越高，所得的凝胶越硬。这些硬凝胶颗粒就用于上面提到的许多家用清洁制剂中。

聚合和随后的凝胶形成（"凝胶化"）的时间有以下几个主要的影响因素：pH 值、浓度和温度。工业过程使用高浓度溶液，酸和硅酸钠的混合必须非常迅速，以避免在混合器中发生凝胶化过程。因为凝胶硬而且不反应，在混合器中发生凝胶化是一个潜在的灾难。这可以参考图 4.4 理解，图 4.4 所示为凝胶化时间（T_g，对数坐标）与凝胶化的 pH 值的关系❾。如果凝胶化的 pH 值约为 7，凝胶化时间小于 1 min。然而，如果 pH 值接近 1，凝胶化时间可能是几个小时。用作原料的硅酸钠的 pH 值较高［确切的值取决于用于溶解石英砂的碱的浓度，反应式(4.3)］，如果加入的酸量仅能中和硅酸钠［反应式(4.4)］，pH 值将接近图 4.4 中曲线的最低点，凝胶化将几乎在瞬间发生；如果原料硅酸钠的浓度高，所得到的凝胶将如岩石一样坚硬而不可能转移。为了防止这种情况的发生，应加入明显过量的酸（同时快速混合以确保 pH 均匀），使最终的 pH 值为 4.0 或更小。这样，在溶胶形成凝胶之前，将有足够的时间将其从混合容器中移出。

所形成的凝胶是交联聚合的氧化硅链固体基质、硫酸钠和水的混合物。通过水洗除去硫酸钠（如果使用另一种酸则为其他盐类），然后进行干燥除去凝胶中多余的水分。这个程序貌似简单，但所得到的无水凝胶的性能非常依赖于凝胶化过程的最终 pH 值以及随后老化过程的 pH 值、温度和时间，同时也强烈地依赖于材料在洗涤之后的脱水步骤（干燥和焙烧）的温度。如果老化在相对高的 pH 值下进行，所得到的凝胶的表面积可能较低，大约 $200 m^2/g$，但是如果 pH 值低，表面积可能高达 $900 m^2/g$。孔体积和孔径也强烈依赖于老化、洗涤和焙烧的条件。这导致了市售材料的各项指标在很大范围内变化。有趣

---

❽ 这种硅酸聚合过程曾用于家用产品：用于保存鸡蛋的"水玻璃"。所用的硅酸是粉末状，在水里制成"溶液"（更准确地说，是水溶胶）。然后把鸡蛋浸入到溶胶中，逐渐胶凝，形成了空气中的氧气不能穿透的薄膜，从而保持鸡蛋的新鲜。因为浓度相当低，凝胶不会变得很硬，因此鸡蛋在需要的时候容易被取出。把手插到凝胶中足可以破坏手周围的凝胶结构，一旦把手取出，凝胶结构又重新形成。

❾ R. K. ller（1979）. The Chemistry of Silica. Plenum Press. ISBN 047102404X, 也参见 http://en. wikipedia. org/wiki/Silicon _ dioxide；这个网址描述了二氧化硅的用途以及结构等信息。

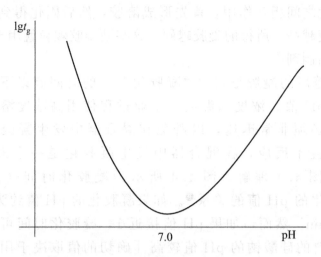

图 4.4 pH 值对溶胶凝胶化时间的影响

的是，可以得到各种不同形态的材料，其中一些材料的结构是通过仔细地控制凝胶过程得到的。例如把溶胶的球形液滴压入惰性基体（如互不相溶的油）内完成聚合过程，然后按前面所说的方法清洗、干燥和焙烧，可以获得均匀的球体。

凝胶的孔隙结构是决定由其制成的催化剂的性质的重要因素。此外，脱水/焙烧步骤也是重要的，其决定了在催化剂制备过程中凝胶与金属物种相互作用的方式。J. B. Peri 采用红外光谱等方法，研究了脱水温度对硅胶表面羟基性质的影响[⑩]。结果表明，即使在 600℃下脱水后，OH 官能团仍附着在表面的每个硅原子上。在非常高的温度下脱水后形成了孤立的 OH 物种。虽然氧化硅表面羟基显酸性，但通过二氧化硅和氧化铝共凝胶得到的固体材料的酸性更强。该类材料往往表示为 $SiO_2\text{-}Al_2O_3$，可单独作为裂化催化剂，或作为酸性载体与其他组分共同使用[⑪]。现在更常用具有沸石结构的固体材料实现这些目的（见 4.3.4）。

⑩ J. B. Peri, Infrared study of OH and NH₂ groups on the surface of a dry silica aerogel, J. Phys. Chem. 70 (1966) 2937; see also J. B. Peri, A. L. Hensley, The surface structure of silica gel, J. Phys. Chem., 72 (1968) 2926.

⑪ J. B. Peri, Infrared study of adsorption of carbon dioxide, hydrogen chloride and other molecules on acid sites on dry silica-alumina and gamma-alumina, J. Phys. Chem., 70 (1966) 3168.

任务 4.4

在 Scopus 或 Web of Science 中检索 J. B. Peri，追踪他的关于使用光谱法确定氧化铝和氧化硅的表面结构的论文。在查找关于氧化铝的文章时将会找到 C. Morterra 和 G. Magnacca 写的文章 Catal. Today 27（1996）497。你应该把这篇文章包含在你的进一步搜索中，这将进一步搜索到 J. Ryczkowski 的文章"a monograph on IR spectroscopy in catalysis"，Catal. Today，68（4）（2001）。记录你的搜索。

最后，对于二氧化硅作为催化剂载体，有两个值得注意的重要因素。积极的一方面是，因为二氧化硅在加热过程中不发生相变，它的使用仅受可能存在的烧结过程的限制。由于具有 987K 的 Tamman 温度（表4.1），二氧化硅载体可以用于高达约 700℃ 的反应。然而，不利的一面是，二氧化硅不是惰性的固体。例如，它可以与水蒸气在较高的温度下形成可挥发的含水硅酸盐，因此不能用于水蒸气重整或相关工艺的催化剂之中。它也能与碱金属或碱土金属反应形成相应的硅酸盐，由于形成的硅酸盐是可移动的，会造成严重的孔道堵塞等问题，所以它不能用在任何有这些物质存在的情况。

4.3.4 SiO_2-Al_2O_3和沸石

如在上一节讨论的，SiO_2-Al_2O_3是一种由二氧化硅和氧化铝溶胶混合制得的无定形的混合氧化物材料。根据 Richardson 的研究，前者可能是 30% 的水玻璃和水混合物（见上面二氧化硅的制备），后者是 4mol/L HCl 和 0.5mol/L $Al_2(SO_4)_3$ 的混合物。二者以 2∶1 的比例在 5℃ 下快速混合，从而迅速产生凝胶。凝胶老化后，用 2% $Al_2(SO_4)$ 溶液交换凝胶中的 Na^+，然后洗去游离的 SO_4^{2-}，随后干燥，并在 550℃ 下焙烧。这个材料的酸性远强于它的每种组分，这是由于 Si^{4+} 和 Al^{3+} 中心相互靠近减弱了表面 OH 键。

在这个结构中，Si^{4+} 取代了四面体 Al^{3+}，产生了更多的正电中心，从而削弱了 OH 键，使酸性增加。这类 $SiO_2\text{-}Al_2O_3$ 材料已被用作裂化催化剂或酸性载体。

沸石是 $SiO_2\text{-}Al_2O_3$ 的结晶，在高压反应釜中通过水热处理二氧化硅和氧化铝共凝胶的方法制得。制备温度在 $90\sim180℃$ 之间，原料包括 OH^- 离子、合适的有机模板剂（如有机胺或烷基铵化合物）以及合适的晶种。人们已经制备和表征了多种不同结构的沸石，这些材料的 Si/Al 比有很宽的范围，并具有不同形状和尺寸的孔结构[12]。此外，也可以合成磷酸铝分子筛，并在其晶体结构中加入 TiO_2 等其他氧化物。目前沸石分子筛有许多不同的应用，许多作者在他们的书中对此进行了讨论（参考脚注[12]）。

任务 4.5

Van Bekkum 和他的同事 [J. C. Jansen, et al., Microporous and Mesoporous Materials，21（1998）213] 综述了分子筛涂层的制备和在催化中的潜在应用。阅读这篇综述，查找一些引用它的文献，特别注意那些描述沸石分子筛膜制备的文献。

4.3.5　二氧化钛（TiO_2）

二氧化钛在某些反应中作为载体，如作为钒氧化物的载体用于 NO_x 的选择性催化还原（SCR）（见拓展阅读 3.6 和任务 4.7，并参见 8.5.1）。然而，由于其具有半导体特性，它自身也可以用于光催化过程[13]。TiO_2 最常见的用途是作为涂料的颜料，它可以通过两种方法制备：$TiOSO_4$ 水解（"硫酸盐法"）或通过 $TiCl_4$ 的气相氧化（"氯化法"）。硫酸盐法因为要处理大量不纯的浓硫酸副产物，不再受到青睐。

如上所述，TiO_2 能以多种结构形式存在：金红石型、锐钛矿型和板钛矿型。锐钛矿型更常用于载体，典型材料的表面积大约为 $80m^2/g$，低于氧化铝和二氧化硅。在约 $550℃$ 转变为金红石型，其表面积有所下降。

---

[12]　关于这个问题，有许多其他的信息来源，例如 H. van Bekkum, E. M. Flanigen, P. A. Jacobs, J. C. Jansen (eds.), Introduction to Zeolite Science and Practice, Stud.Surf.Sci. Catal., 137 (2001).

[13]　例如参见：S. Malato, P. Fernandez-Ibanez, M. I. Maldonado, J. Blanco, W. Gernjak, Decontamination and disinfection of water by solar photocatalysis: recent overview and trends, Catal. Today, 147 (2009), 1-59.

这意味着二氧化钛只能在温度较低的反应中作为载体使用，如上面提到的SCR反应。文献报道的用作催化剂载体的多数二氧化钛（也用于研究氧化物本身的光催化）是颜料级二氧化钛，命名为 P25，由 Degussa 公司（现在的 Evonic Industries 公司）销售 http://corporate.evonik.com/en/Pages/default.aspx，也有许多其他二氧化钛的供应商。

4.3.6 氧化锆（ZrO_2）

最近氧化锆作为催化剂载体备受关注，一方面是因为与传统的载体（如二氧化硅或氧化铝）相比，它具有更大的化学惰性，另一方面是因为它与活性相间有特定的相互作用，从而显著提高了所得催化剂的活性和选择性。氧化锆可以形成许多不同的相结构。通过凝胶沉淀得到的氧化锆具有不稳定的四方相，其在较高的温度下焙烧是不稳定的，加热到 850℃ 后表面积下降了 97%。人们发现其烧结遵循表面迁移机理，在这一过程中发生相转变并得到单斜晶体，后者在常温下具有最高的稳定性[14]。Mercera 等的研究结果表明，可以通过小心地凝胶沉淀并在随后小心地用乙醇洗涤的方法制备纯的单斜晶样品[15]，其稳定温度可以高达 1170℃。然而，当焙烧温度从 450℃ 增加到 900℃ 时，其表面面积仍然出现了明显的减小（从约 $72m^2/g$ 减小到 $17m^2/g$，见图 4.5）。如图 4.6 所示，加入 Ca、Y 或 La 等可显著提高单斜晶相的稳定性，即使只有 20%～50% 的表面被这些离子单层覆盖，Zr 离子的迁移也会被显著抑制，从而足以防止烧结的发生。在焙烧温度低于约 700℃ 的条件下，氧化锆（特别是添加稀土 Y 和 La 氧化物的氧化锆）的表面积基本不发生变化。图 4.7 显示了在一系列不同的焙烧温度下，最有效的添加剂 La 的浓度对催化剂比表面积的影响。当焙烧温度为 700℃ 时，较低的 La 含量（3%）就具有非常明显的稳定作用。即使焙烧温度达到 900℃，La 的添加也会使表面积明显提高（约为 $35m^2/g$，而未添加 La 的氧化锆表面积为 $17m^2/g$）。我们稍后将讨论氧化锆负载型催化剂在几个不同方面的应用。

---

[14] P. D. L. Mercera, J. G. van Ommen, E. B. M. Doesburg, A. J. Burggraaf, J. R. H. Ross, Zirconia as a support for catalysts: Evolution of the texture and structure on calcination in air, Appl. Catal. 57 (1990) 127-148.

[15] 例如参见：P. D. L. Mercera, J. G. van Ommen, E. B. M. Doesburg, A. J. Burggraaf, J. R. H. Ross, Zirconia as a support for catalysts. Influence of additives on the thermal stability of the porous texture of monoclinic zirconia. Appl. Catal., 71 (1991) 363-391.

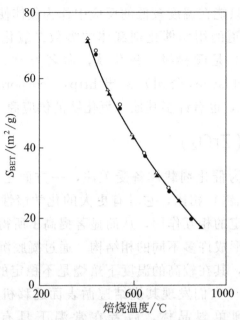

图 4.5　焙烧温度对未掺杂的单斜氧化锆样品的比表面积的影响

来源：Mercera et al.，Appl. Catal.，71 (1991) 363-391. Elsevier 许可转载

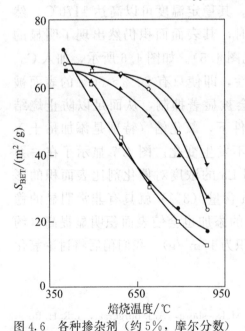

图 4.6　各种掺杂剂（约 5%，摩尔分数）

对单斜 ZrO_2 热稳定性的影响

•无掺杂；□ MgO；▲ CaO；○ Y_2O_3；▼ La_2O_3

来源：Mercera et al.，Appl. Catal.，71

(1991) 363-391. Elsevier 许可转载

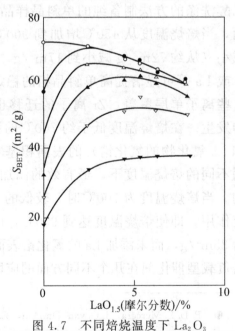

图 4.7　不同焙烧温度下 La_2O_3

浓度对 ZrO_2 表面积的影响

○ 400℃；• 500℃；△ 600℃；▲ 700℃；▽ 800℃；▼ 900℃

来源：Mercera et al.，Appl. Catal.，71

(1991) 363-391. Elsevier 许可转载

任务 4.6

查找关于氧化锆制备、表征和使用的文献。可以从查找 P. D. L. Mercera 和他的同事的研究工作，以及引用他们文章的文献开始。

4.3.7 碳

碳常被用作催化剂载体，特别是在精细化工中，用于非常特殊的有机反应（见第8章）。与其他载体材料相比，碳不易与液体相互作用，因此碳负载催化剂适用于在液相中进行的加氢反应。也有一些迹象表明，碳的孔道结构有利于反应进行。由于反应物分子的物理吸附发生在狭窄的孔隙中，使反应物更接近活性部位（通常是金属微晶）。用作载体的"活性"碳通常由自然界中的最常见的材料，如木材、煤和泥炭制成[16]。根据所使用的制备路线（通常为裂解），所得到的材料有多种不同的表面成分（羧基、羰基、羟基等），每种成分的浓度取决于制备和预处理条件。

4.3.8 载体的"成型"

载体在引入活性组分之前一般需要通过挤出或造粒成型，制成适当强度的基体，然后负载上催化活性材料。在挤出成型的情况下，需要把载体材料制成合适的糊状物，通过适当形状的模具口挤出来，然后根据需要切割成适当长度。挤出物干燥后在高温下"回火"或"焙烧"达到所需的强度[17]。粒状载体通常用干燥的粉末制备，向干燥的粉末中加入合适的润滑剂（如石墨），然后用压片机将其压成所需的形状，之后再次干燥（如有必要）和焙烧。这个主题将在第7章中进一步介绍。

---

[16] 最常用的活性炭载体是由荷兰 Norrit 公司生产的（http://www.norit-ac.com），原料是这个国家泥炭沼泽的泥炭。Norrit 碳最初主要用于除去生产白砂糖过程中糖浆的颜色。

[17] S. P. S Andrew 曾经描述催化剂机械强度的一个典型的工业测试方法："把催化剂拿到男士洗手间，扔到空中，如果它落在铺有瓷砖的地板上不摔成碎片，它的机械强度就足够大"。

现在我们将继续讨论通过浸渍或沉积/沉淀法制备负载型多相催化剂[18]。共沉淀作为另一种制备方法，将在后面的章节中描述。

4.4 负载型催化剂

可通过浸渍或沉积沉淀的方法将催化剂的活性相引入载体结构，并在随后进行干燥和焙烧。这两种情况都需要配制合适的溶液并引入到载体的孔道内。如上所述，载体一般要预先制成所需的形状。

4.4.1 催化剂的浸渍

浸渍的方法受到载体表面和溶液中物种之间相互作用的影响。这种相互作用可能是与表面羟基的酸性氢离子发生离子交换而造成的，但更有可能是物理作用的结果，特别是当浸渍物种的浓度超过表面羟基基团的浓度时。浸渍溶液体积等于或小于孔隙体积的浸渍被称为"孔体积"或"干法"浸渍，在这种方法中，活性组分主要是在干燥的过程中保留在孔道内，而并不是依靠特定的相互作用。溶液体积超过需要填充的孔体积的浸渍被称为"湿法浸渍"，在这种方法中，特定的相互作用发挥了更为重要的作用。干法浸渍的优点是可以很容易地控制加入催化剂组分的量，但由其得到的材料的均匀程度可能不如湿法制备的材料，例如，催化剂中孔隙较大的区域的活性组分浓度可能高于其他区域。如图4.8所示，较大的孔所含的溶液量较多，因此这些孔内的前驱体可能具有较大的晶粒。另外，如果干燥过程中不仔细控制，活性组分可能集中在孔口甚至移动到载体的外表面。如果载体已经预成型，那么载体的孔分布以及焙烧所得催化剂中活性物质的分布也将依赖于造粒过程的工艺参数[19]。

湿法浸渍比干法浸渍更难控制。如果溶质离子浓度低，那么所有的溶质离子可能位于孔口的位置（例如与孔口附近的酸性表面基团进行离子交换），而不会存在于载体内部的孔道中。如果活性组分成本昂贵（如铂或铑），或由

---

[18] 催化剂的制备在过去被称为艺术而不是科学，直到40年之前，采用更科学的方法制备催化剂才显得尤为重要。部分原因是从1975年开始召开了系列多相催化剂制备科学基础国际专题讨论会（1975年，《表面科学和催化的研究》第1卷），也因为意识到一些人研究特定的催化剂或催化体系，不能简单照搬，而是需要对所使用的具体材料有充分的表征。

[19] 如果在粉末载体上进行浸渍之后造粒，只要颗粒尺寸非常均匀，将获得更加均匀的活性组分分布，但在造粒过程中发生的变化将很难控制。

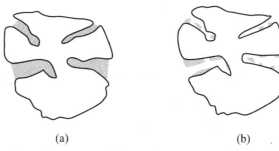

(a)   (b)

图 4.8　湿法浸渍过程中孔的填充和干燥后的效果

于孔道扩散限制，反应主要发生在催化剂颗粒的外表面，那么形成这种在催化剂颗粒外表面具有高浓度活性组分的"蛋壳型催化剂"是有好处的，然而，如果反应完全是动力学控制，整个催化剂都被利用了（"有效因子"是1），则需要催化活性组分在整个颗粒中分布。在这种情况下，为保证载体的所有部分都有足够高浓度的活性组分，可能需要进行多次浸渍[20]。

任务 4.7

　　在上面对浸渍催化剂制备的讨论中忽略了许多方面的问题。例如，我们没有考虑在浸渍过程中发生的化学过程的影响。与表面酸性基团的相互作用具有重要的影响（对比 Brønsted 和 Lewis 酸性位），载体界面上双电层的结构也能决定反应发生的难易程度。请注意这些参数，并追踪一些催化剂制备方面的文献，例如使用 Scopus 或 Web of Science 搜索作者为 K. P. de Jong（乌得勒支大学）的一些相关论文，可从他课题组关于制备负载型 Pd 催化剂的文章 [M. L. Toebes，et al.，J. Molec. Catal. 173（1997）281] 开始，之后可以阅读一些这篇论文引用的文献或引用这篇论文的文献。还可阅读其他作者的工作，包括 M. Che [如 Chem. Rev.，97（1997）305]、C. Parego 和 P. Villa [Catal. Today，34（1997）281]，以及 S. P. S. Andrew [Chem. Eng. Sci.，36（1981）1431]。Parego 和 Villa 所著的文章在对催化剂制备进行一般性描述的同时，也给出了工业实践的细节。Andrew 的文章主要是针对工业催化剂制备的实例。

---

　　[20]　可以控制催化剂中活性组分的分布，使其浓度的最高值出现在外表面和内表面之间，甚至出现在颗粒的中心。这种分布可能有某些实用的价值 [S. Y. Lee，R. Aris，The distribution of active ingredients in supported catalysts prepared by impregnation，Cat. Rev. Sci. Eng.，27（1981）207]。

任务 4.8

二氧化钛负载氧化钒催化剂是一种被充分研究的体系，具有多种不同的制备方法。例如在一篇论文 [Appl. Catal.，22 (1986) 361] 中，Bond 等（布鲁塞尔大学）和 Gellings 等（特文特大学）考察了该类催化剂，包括 $(NH_4)_2[VO(C_2O_4)_2]$ 水溶液的浸渍，以及在有机溶剂中与 $VOCl_3$、$VO(OR)_3(R=iBu)$ 和 $VO(acac)_2$（acac＝乙酰丙酮基）的反应。从这篇论文开始，查找关于氧化钒/氧化钛催化剂的文献，并请特别注意制备方法对催化剂结构的影响。查找的文献中应包括 I. E. Wachs 和 B. M. Weckhuysen 在最近发表的关于氧化物载体上氧化钒物种的结构和反应活性的论文 [Appl. Catal. A，157 (1997) 67]。

浸渍后的干燥过程对于干法浸渍和湿法浸渍都是非常重要的。如果干燥过程太快，孔内的溶液可能被孔深处的蒸汽带出来，导致活性相在载体外表面的沉积。这是不利的，因为这些物质不可能牢固地粘在载体上，所以在使用中可能出现"粉尘"：积累的活性组分粉尘向催化剂床层的下面流动，有时甚至造成反应器出口堵塞。如果该催化剂在使用前先进行焙烧，则焙烧的方式也具有很大的影响。如果在焙烧过程中有盐的分解，例如硝酸盐的分解，形成的氮氧化物应该用载气吹扫，以防止副反应的发生。对于分解过程形成的水蒸气的消除也应仔细控制，因为水蒸气可能促进一些氧化物的烧结。最后，如果催化剂在使用前需要还原，还原过程最好慢慢地进行，还原温度应逐渐升高[21]。

4.4.2 共沉淀催化剂

4.4.2.1 单离子沉淀

在讨论共沉淀之前，我们将简要地讨论单个离子的沉淀。一种化合物 A^+B^- 的溶解度仅是温度的函数，由溶度积（K_s，一个热力学量）决定：

---

[21] 还原通常在使用催化剂的反应器中进行，因为这样就不存在使用前再次被氧化的问题。然而，在有些情况下，由催化剂制造商进行催化剂预还原。在这种情况下，为了安全运输，要用一些方法使催化剂钝化。这种方法处理后的催化剂在购买者的反应器内能很容易地被重新活化。钝化常常是把催化剂暴露于低浓度氧气中，非常小心地再氧化表面的一层或几层原子（通常，纯氮中含有的氧气杂质足够用于这一目的）。应该指出的是，预还原催化剂是一种潜在的危险化学物质；如果再氧化的速率足够高而无法控制，可能会发生"自燃"。

$$K_s = \alpha_A^+ \alpha_B^-$$

这里 α_A^+ 和 α_B^- 分别是阳离子和阴离子的溶解度（对于我们而言，B^- 往往是氢氧根离子，OH^-）。对于含多价阳离子的氢氧化物，溶度积的表示更加复杂，如氢氧化铝 $[Al(OH)_3]$ 的溶度积为

$$K_s = \alpha_{Al}^{3+} (\alpha_{OH}^-)^3$$

表 4.2 显示了催化剂制备中常见的一些金属氢氧化物的 K_s 值。所有的氢氧化物都是高度不溶的，所以我们可以得出结论：如果 OH^- 离子添加到含有一种表中所示的金属离子（阳离子）的溶液中，将全部转化为相应的氢氧化物沉淀。

表 4.2　一些常见的氢氧化物在 298K 时的溶度积（K_{sp}）

化合物	分子式	$K_{sp}(298K)$
氢氧化铝	$Al(OH)_3$	3×10^{-34}
氢氧化钴	$Co(OH)_2$	5.92×10^{-15}
氢氧化铜	$Cu(OH)_2$	4.8×10^{-20}
氢氧化亚铁	$Fe(OH)_2$	4.87×10^{-17}
氢氧化铁	$Fe(OH)_3$	2.79×10^{-39}
氢氧化镁	$Mg(OH)_2$	5.61×10^{-12}
氢氧化镍	$Ni(OH)_2$	5.48×10^{-16}
氢氧化锌	$Zn(OH)_2$	3×10^{-17}

我们可以进一步估计当加入 OH^- 离子时，这些氢氧化物开始产生沉淀的 pH 值[22]。例如，如果我们使用 1mol/L 的 $Al(NO_3)_3$ 溶液，Al^{3+} 的起始浓度为 1.0，当 OH^- 浓度满足方程 $K_s = 3 \times 10^{-34} = \alpha_{Al}^{3+} (\alpha_{OH}^-)^3$ 就会开始沉淀。换句话说，$\alpha_{OH}^- = 6.7 \times 10^{-12}$。在水中，$K_w = \alpha_H^+ \alpha_{OH}^- = 10^{-14}$（即 $pH + pOH = 14$），所以这个 OH^- 离子浓度相对应的 pH 约为 2.83。

现在考虑 1mol/L 的 $Ni(OH)_2$ 溶液的情况，开始产生沉淀的 pH 约为 6.37。换句话说，如果氢氧根离子加入 Ni 和 Al 离子的混合物，铝物种开始沉淀的 pH 值应该比镍物种低。但我们将在下文中看到，事实并不是这样。

4.4.2.2　几个物种在一起的沉淀：共沉淀

人们也许会认为，当沉淀液中同时存在两种阳离子时，随着碱的加入，溶液的 pH 值逐渐升高[23]，两种离子将对应于各自的溶度积在不同 pH 值下产生沉淀。例如上面提到的，对于含有镍和铝离子的溶液，可能会认为铝

---

[22]　在这些计算中，我们假设浓度和活度大致相同。更精确的计算需要知道不同物种的活度系数。

[23]　被称为"升高 pH 值法"共沉淀。

物种在 pH≤3 时沉淀，镍在 pH 达到 6 以上时沉淀。而实际情况是铝在低 pH 值时开始沉淀，但随后重新溶解，并与镍在 pH 值低于 6 时同时沉淀，形成混合的层状氢氧化物（具有"水镁石"结构），其结构（见下文）与水滑石矿物质结构一致。自然界中的 Ni-Al 矿被称为"takovite"（水铝镍石）。共沉淀得到的 Ni-Al 材料最初由 British Gas 公司作为催化剂，用于石脑油水蒸气重整生产富含甲烷的气体以用于供热。早期的研究并没有认识到这些含镍材料形成了层状结构，仅在 1970 年 BASF 公司的一系列专利中报道了它们的重要性[24]。我们在 1975 年出版的著作中提出（当时我们并不知道这些专利），沉淀中的 Ni 和 Al 离子之间存在某种相互作用[25]。在随后对 Ni/Al 催化剂前驱体的共沉淀过程和产物的性能进行详细研究后，我们认为层状结构的组成在很大程度上取决于该材料的制备方法[26]。特别是在恒定的 pH 值条件下沉淀可以获得特定的材料：在向水中加碱的同时添加硝酸盐溶液，通过控制流量使 pH 值保持不变。沉淀的 pH 值为 5 时得到的沉淀物中含有硝酸根离子，如果 pH 值高于 6，沉淀将主要是碳酸盐。产物的组成范围可能很宽，但多数文献报道的 Ni/Al 比是 3.0，这一比例的 Ni 和 Al 物种的层状化合物是在 pH 为 10.0 的条件下制备的，化合物组成为：

$$Ni_6Al_2(OH)_{12}CO_3 \cdot 5H_2O$$

如果 pH 值较低，CO_3^{2-} 离子会被两个 NO_3^- 离子取代，得到下面的组成：$Ni_6Al_2(OH)_{12}(NO_3)_2 \cdot 3H_2O$。

硝酸根和碳酸根离子平衡了 Al^{3+} 离子引入到结构中所产生的过剩电荷。水铝镍石（takovite）的结构如图 4.9 所示，图中同时对材料的制备及随后的焙烧和还原过程进行了描述。在类水镁石层状结构［水镁石是 $Mg(OH)_2$］

[24] F. J. Brocker, L. Kainer, German Patent 2, 024, 282 (1970), to BASF AG, and UK Patent No. 1, 342, 020 (1971), to BASF AG.

[25] T. Beecroft, A. W. Miller, J. R. H. Ross, The use of differential scanning calorimetry in catalyst studies. The methanation of carbon monoxide over nickel/alumina catalysts, J. Catal., 40 (1975) 281.

[26] 下列出版物总结了布拉德福德大学（英国）和代夫特科技大学（荷兰）之间的一些合作工作，能够提供进一步的细节：G. van Veen, E. C. Kruissink, E. B. M. Doesburg, J. R. H. Ross, L. L. van Reijen, Rn. Kinet. Catal. Lett., 9 (1978) 143; E. C. Kruissink, L. E. Alzamora, S. Orr, E. B. M. Doesburg, L. L. van Reijen, J. R. H. Ross, G. van Veen, in: B. Delmon, P. Grange, P. Jacobs, G. Poncelet (Eds.), Preparation of Catalysts, II, (1979) 143; E. C. Kruissink, L. L. van Reijen, J. R. H. Ross, J. Chem. Soc., Faraday Trans., I 77 (1981) 649; L. E. Alzamora, J. R. H. Ross, E. C. Kruissink, L. L. van Reijen, J. Chem. Soc., Faraday Trans. I, 77 (1981) 665。

中，Ni 和 Al 离子随机分布在 OH$^-$ 环绕的八面体中，水镁石层逐层堆积，层间被平衡电荷的碳酸根或硝酸根离子和结晶水占据。当两个硝酸根离子取代一个碳酸根离子时，水占据的空间减少；层间的空间也取决于电荷平衡的阴离子，硝酸根离子（0.85nm）比碳酸根离子（0.77nm）占据的层间空间更大。在此应注意的是，可以制备出许多具有水滑石结构的材料（它们的阳离子半径与 Mg^{2+} 接近），其中许多可以作为催化剂前驱体，如 Cu-Zn-Al 体系（见表4.3）。此外，多种用于平衡电荷的阴离子都可以填充在层间❷。

含有水滑石结构的共沉淀材料的一个最大的优势是制备过程简单并可重复：只要材料在相同的条件下制备，并在进一步处理之前进行彻底清洗，除去在制备过程中引入的痕量碱金属杂质，不同批次制备的材料就具有同样的性质。应当指出的是，因为极易从空气中获得 CO$_2$，即使在制备过程中仔细清除碳酸根离子，沉淀中仍然常含有一定量的碳酸盐。如果沉淀在清洗之前先在 100℃ 下干燥以破坏其凝胶结构，那么除去碱金属离子就非常容易。

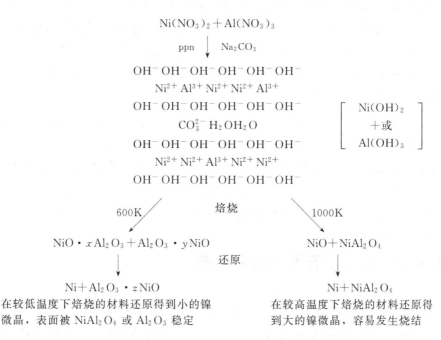

图 4.9　共沉淀法制备镍-氧化铝催化剂的步骤

来源：J. Chem. Soc.，Faraday Trans. Ⅰ，77（1981）665-681。英国皇家化学学会许可转载

---

❷　用钼酸铵沉淀 Co 和 Al 的硝酸盐溶液，可能产生层状结构，钼酸盐阴离子位于层间，Co 和 Al 离子位于水镁石结构中。通过焙烧和随后硫化，该材料具有与商业 CoMoAl$_2$O$_3$ 催化剂一样的加氢脱硫功能。

表 4.3　一些通过共沉淀法制备的水滑石催化剂前驱体

M^{2+}	M^{3+}	平衡阴离子
Mg^{2+}	Al^{3+}	CO_3^{2-}，OH^-，NO_3^- 等
Ni^{2+}	Al^{3+}	CO_3^{2-}，SO_4^{2-}，$V_{10}O_{28}^{6-}$ 等
Mg^{2+}	Al^{3+}	$V_{10}O_{28}^{6-}$，$Mo_7O_{24}^{6-}$
Fe^{2+}	Al^{3+}	CO_3^{2-}
Co^{2+}	Al^{3+}	CO_3^{2-}
Cu^{2+}	Al^{3+}	CO_3^{2-}
Mg^{2+}	Fe^{3+}	CO_3^{2-}
Cu^{2+}，Zn^{2+}	Al^{3+}	CO_3^{2-}
Cu^{2+}，Co^{2+}	Al^{3+}	CO_3^{2-}
Cu^{2+}，Zn^{2+}	Cr^{3+}	CO_3^{2-}
Cu^{2+}，Co^{2+}	Cr^{3+}	CO_3^{2-}

注：来源：F. Cavani，F. Trifiro，A. Vaccari，Hydrotal-cite-type anionic clays：preparation，properties and applica-tions，Catal. Today，11 (1991) 173.

用于商业反应器的共沉淀催化剂与负载型催化剂的载体一样需要成型。对于上面所讨论的 Ni-Al 材料，成型的方法通常是先向沉淀中添加某种润滑剂（如石墨），然后用商业的压片机对混合的产物造粒，随后焙烧除去氢氧根离子和碳酸盐。在使用之前，要在流动的氢气中还原，这与负载型催化剂的还原方法相同（见图 4.9）。如果焙烧是在一个相对较低的温度（350~500℃）下进行的，所得到的材料含有一些小的 NiO 颗粒，样品中存在的 Al^{3+} 和含有痕量 Ni^{2+} 的富铝相稳定了这些 NiO 颗粒。在较高的温度下焙烧后的材料中含有 NiO 和 $NiAl_2O_4$。低温下焙烧的材料经过还原会得到小的 Ni 颗粒，表面氧化铝能够使其稳定（见图 4.10）；在较高温下焙烧的材料中会含有大的镍颗粒，它们不能被很好地稳定。

任务 4.9　由水滑石得到的催化剂

利用 Cavani 等的论文（见表 4.3），查找水滑石前体应用的相关文献（应该指出的是，这篇文章是在 Scopus 建立之前出版的，因此文章的链接不像最近的文章那样容易找到）。有多种途径能找到关于水滑石的大量文献，例如，你可以按时间向前检索（如很多文献引用了 Cavani 的综述，可以追踪其中被大量引用的文献的作者），查找近期使用这些材料的催化工作。或者可以集中查找这类材料的结构知识或化合物的范围是否有进展。

(a) 焙烧后的材料

(b) 还原过程

图 4.10　共沉淀制备的焙烧后的 Ni-Al 催化剂模型和它的还原过程

 NiO·xAl$_2$O$_3$; Al$_2$O$_3$·yNiO; Ni

NiO 颗粒尺寸由焙烧温度决定。还原速率受到一定尺寸的 NiO 颗粒中 Ni 核的生长的限制。
完全还原后，Ni 晶粒的凝聚可能造成烧结，但这些颗粒表面上的氧化铝能阻碍烧结

来源：L. E. Alzamora，J. R. H. Ross，E. C. Kruissink and L. L. van Reijen，J. Chem.

Soc.，Faraday Trans. Ⅰ，77（1981）665-681. 英国皇家化学学会许可转载

4.4.2.3　尿素分解沉淀和共沉淀

尿素在水溶液中约在 90℃分解为 NH$_4^+$ 和 OH$^-$ 离子。这个制备方法称为"沉积沉淀"法，最早由 Geus 等提出[28]，该法先将需沉积金属的盐溶液［如 Ni（NO$_3$）$_2$］和尿素加入盛有载体（如二氧化硅）的容器中，然后加热所得悬浮液使尿素水解，生成的 OH$^-$ 均匀分布在溶液中，镍物种随之均匀沉淀在载体表面，最后按需要进行焙烧和还原[29]。

尿素分解也被成功地用于在预成型载体（如 α-Al$_2$O$_3$）的孔道内共沉淀制备水滑石结构[30]。在这种情况下，尿素溶液中不仅包含 Ni(NO$_3$)$_2$，而且也有 Al(NO$_3$)$_3$ 和 La(NO$_3$)$_3$。尿素溶液被真空浸渍到 α-Al$_2$O$_3$ 的大孔

[28]　J. A. van Dillen，J. W. Geus，L. A. M. Hermans，J. van der Meijden，in：G. C. Bond，P. B. Wells and F. C. Tompkins（Eds.），Proceedings of the 6th International Congress on Catalysis，Chem. Soc.，2（1977）677.

[29]　在载体上获得沉淀也有简单的方法，把载体加入到盐溶液中形成悬浊液，在激烈搅拌的条件下，向这个悬浊液中滴加碱来达到这样的目的。然而，这个过程非常难以控制，一般会导致活性组分的不均匀分布，沉淀更倾向于在载体外表面积累，而不是在孔道内，因此，沉积沉淀更可靠。

[30]　K. B. Mok，J. R. H. Ross，R. M. Sambrook，Preparation of Catalysts III，in：G. Poncelet，P. Grange，P. A. Jacobs（Eds.），Stud. Surf. Sci. Catal.，16（1983）291.

中，除去多余的溶液，然后加热载体，得到层状材料的沉淀（La 也配位到水镁石结构中）。如有必要，该程序可以重复几次，以增加 Ni 的总负载量，每次浸渍/沉积之前要先部分分解沉淀物。此法制备的催化剂中，Ni 的含量能高达 8% （质量分数）。La 的加入提高了 Ni 在所得到的催化剂上的分散度，稳定了焙烧和还原后的催化剂的结构，也提高了用于水蒸气重整催化剂的抗积炭稳定性。

任务 4.10　沉积沉淀

用 Scopus 或 Web of Science 检索关于沉积沉淀 （deposition precipitation） 的文章。在查找的文章中，你会发现一篇由 P. Burattin、M. Che 和 C. Louis 写的关于镍在二氧化硅上沉积的文章 [J. Phys. Chem. B，102 （1998） 2722]。从这篇文章出发，查找其他关于沉积沉淀的文章。例如，你会发现 K. P. de Jong 在他的关于负载型催化剂的合成的文章 [Curr. Opin. Solid State Mater. Sci.，4 （1999） 55] 中引用了这篇文章。这两篇文章可以作为起点，研究沉积沉淀法用于不同种类催化剂的制备 （包括前面提到的 van Dillen 等写的文章）。可以以负载型的镍或金催化剂作为主题进行深入的学习，也可以选择许多其他的主题。

任务 4.11　含铜的甲醇重整催化剂

Breen 和 Ross[*] 考察了一系列通过连续的沉淀技术制备的 Cu-Zn-Al-Zr 催化剂的性质，研究了制备及预处理方法对总表面积、Cu 金属表面积以及甲醇水蒸气重整活性的影响。研究这篇论文，学习更多制备和表征方法，特别是用于测量铜表面积的 N_2O 的分解技术。你也能看到助剂对 Cu 催化剂活性和稳定性的影响。必要时，研究这篇论文给出的参考文献，并在 Scopus 或 Web of Science 中检索这一领域近期出版的重要文献。

[*]　J. P. Breen，J. R. H. Ross，Methanol reforming for fuel-cell applications：development of zirconia-containing Cu-Zn-Al catalysts，Catal. Today，51 （1999） 521-533.

4.4.2.4　氨基配合物的分解

Schaper 等报道了另一种均匀沉淀的制备方法[31]，用于制备前。他们将浓氨水加入到含有浓硝酸的 $Ni(NO_3)_2$ 溶液中，然后加入氢氧化钠溶液至 pH 为 10.5，制备了 Ni 的氨复合物。将挤条制得的氧化铝载体添加到该溶液中，加热到 90℃，同时向溶液中通入 CO_2 气体。pH 值迅速变到 7.5，然后进一步缓慢下降。一些氧化铝发生溶解，然后与 Ni 一起重新沉淀，形成水滑石化合物。焙烧和还原后，所得材料的性质与前面讨论的通过传统共沉淀方法制备的材料相似。

4.5　催化剂表征

对制备的催化剂进行表征是必要的。催化剂表征的主要目的是确定已制备的催化剂与催化性能相关联的一些特性。另一个目的是确保制备过程的重复性，证明在相同条件下制备的具有相同化学组成的每个样品具有相同的物理和化学（包括催化）性质。用于表征的技术包括从直接测定所有化学成分和相结构的技术到精密分析催化剂表面活性物种状态的技术。以下主要介绍大多数实验室研究催化性能的常规方法，同时介绍一些催化化学家能利用的更先进的特殊方法。

4.5.1　化学组成

催化剂的化学组成是关键参数，在对特定样品的性质进行任何描述时都应给出该参数。虽然催化剂的组成常与制备催化剂过程中所加入的原料精确地一致，能够从制备过程所使用的反应物的浓度计算出来，但情况并不总是如此。例如，使用浸渍法制备样品，进行计算时假设所有的物种在制备过程中都吸附到载体上，但负载的金属离子的量可能低于计算值，这是因为实际上这些物种没有被完全吸附。同样，在共沉淀过程中并不是所有种类的离子都沉淀出来，或者有一些沉淀可能在洗涤过程中重新溶解。因此，为确保样品的组成与预计一致，应对其化学组分进行分析。

催化剂的化学组成可以通过常规的分析方法得到：在合适的溶剂（通

---

❸ H. Schaper，E. B. M. Doesburg，J. M. C. Quartel and L. L. van Reijen，Synthesis of methanation catalysts by deposition-precipitation，in：G. Poncelet，P. Grange，P. A. Jacobs（Eds.），Preparation of Catalysts Ⅲ，Stud. Surf. Sci. Catal.，16（1983）301.

常为酸）中溶解样品，然后进行标准的湿法分析（体积法或重量法），来获得相应的数据。然而，这些方法存在多种问题，如一个多组分催化剂的各种成分可能在分析过程中相互干扰，或者有些成分在所使用的溶解条件下可能不能完全溶解。光谱方法也经常用来确定催化剂溶液的组成，最常用的是原子发射光谱（AES）。许多其他光谱方法，如紫外可见光谱，也被用于分析特定的催化剂的组分。每种分析方法都有其特别适用的样品类型，在分析任何催化剂组分时，都应先查阅相关文献，寻找该催化剂最常用的分析方法。

另一种常见的分析催化剂元素组成的方法是 X 射线荧光光谱法（XRF）。下面网址给出了相关的技术指导：http://www.horiba.com/scientific/products/x-ray-fluorescence-analysis/tutorial/。http://en.wikipedia.org/wiki/X-ray_fluorescence/有更为全面的讨论。催化剂样品在分析前需要制成粉末，在一个玻璃（如硼酸钠）容器中成型，目的是得到一个有平整表面的圆盘，可以插入标准 XRF 分析仪中。所得到的峰与以同样的方式制备的组分确定的标准混合物的峰进行比较。XRF 技术不能用于氢、氦和锂（$Z \leqslant 3$）的分析，被分析的元素最好比钠重。同时，由于含有较轻的元素样品的二次 X 射线逸出深度相对较短，因此样品必须相当均匀，圆盘必须平整。

其他用于催化剂化学组成分析的物理技术包括：X 射线光电子能谱（XPS）、俄歇光谱、二次离子质谱、卢瑟福背散射光谱法、低能量离子散射（LEIS）、电子显微镜（测量背散射的 X 射线，被称为 X 射线能谱分析技术，EDAX）和扩展 X 射线吸收精细结构（EXAFS）[32]。其中许多技术是表面敏感的（换句话说，测得的信号来自于表面或表面附近），得到的结果更多是表面组成而不是本体组成。其中，LEIS 可能是最为表面敏感的。

任务 4.12 用于负载型催化剂的 LEIS

R. H. H. Smits 和他的同事 [R. H. H. Smits, K. Seshan, J. R. H. Ross, L. C. A. van den Ootelaar, J. H. J. M. Helwegen, M. R. Anantharaman, H. H.

---

[32] 在 J. W. Niemanstverdriet 编辑的书中对这些技术和其他技术进行了很好的描述："Spectroscopy in Catalysis. An Introduction"，Wiley VCH, Weinheim, Germany，第一版 1993，此后定期更新。

Brongersma，A low energy ion scattering（LEIS）study of the influence of the vanadium concentration on the activity of vanadiumniobium oxide catalysts for the oxidative dehydrogenation of propane，J. Catal.，157（1995）584-591]对比了共沉淀的氧化钒-氧化铌催化剂的 LEIS 和 XPS 结果，表明 LEIS 是更加表面敏感的技术。以这篇文献为起点，查找目前 LEIS 方法的发展情况，特别是关于负载型催化剂的研究。

4.5.2　相结构

在确定催化剂的化学组成之后，还经常需要进一步了解催化剂的相结构。这通常用 X 射线衍射（XRD）仪获得（http：//en. wikipedia. org/wiki/X-ray＿crystallography），这是一个用于分析催化剂相结构的标准方法。

任务 4.13　X 射线衍射研究催化剂结构

由 D. C. Puxley，I. J. Kitchener，C. Komodromos 和 N. D. Parkyns 写的一篇综述文章中提供了一个用 XRD 研究催化剂结构的非常好的例子[The effect of preparation method upon the structure，stability and metal/support interactions in nickel/alumina catalysts，in：G. Poncelet，P. Grange，P. A. Jacobs（Eds.），Preparation of Catalysts Ⅲ，Stud. Surf. Sci. Catal. 16（1983）237-271]。查找一些其他关于 XRD 使用的文章，特别是原位方法的使用。

4.5.3　物理织构

通常利用扫描电子显微镜（SEM）分析催化剂或其前驱体的物理织构（如上所述，与 EDAX 分析结合可用于分析图像中选定区域的成分）。由于扫描电镜的分辨率约为 5nm，该方法不能给出原子尺度的信息，但可以给出微孔形状的有用数据。例如，在催化剂造粒过程中发生的变化。使用透射电子显微镜（TEM）能得到更高的分辨率，甚至能观察到表面的单个原子，这在研究过程中特别有用，如在特定载体上小金属晶粒的研究。利用 TEM 仔细和系统地测量特定样品，可对其颗粒尺寸分布进行估计。还可用扫描探针显微镜分析晶体的详细信息，如原子力显微镜（AFM）和扫描隧道显微镜（STM）[33]。

X 射线宽化技术可以用来分析催化剂样品的颗粒尺寸。该方法用 Scherrer 方程计算：

$$B(2\theta) = \frac{K\lambda}{L\cos\theta}$$

其中 B（2θ）为峰宽，在特定的 2θ 的位置（θ 是衍射角，λ 是 X 射线波长）与结晶尺寸 L 成反比；常数 K 是晶粒形状的函数，但对于球形颗粒来说一般大约为 1.0[34]。X 射线宽化给出了结晶尺寸的平均值，在大多数情况下，与通过 TEM 获得的数据很接近，但其得到的是粗略的结果，精确度不高。

4.5.4　操作条件下的催化活性、选择性和稳定性

催化剂的最重要性质是其操作条件下的活性和选择性。因此，确定新材料的催化性能是新合成的催化剂的必要表征。制备一种性能不高的新催化剂没有任何意义，这一点几乎没有必要说明。但令人惊讶的是，很多出版物对于其研究样品并没有给出充足的性能数据，尤其是新材料与现有催化剂对于其适用反应的催化性能的对比。此外，在比较中，必须充分考虑不同实验室间测试条件的差别对实验结果的影响。因此，第 5 章的主题是从表征和比较的角度出发，介绍催化剂的实验室测试方法。为了对新催化剂进行有意义的比较，通常需要知道所研究反应的动力学表达式，因此第 6 章将主要讨论催化反应动力学及一些较为常见的反应途径。

---

[33] 应该认识到，TEM、AFM 和 STM 测定的只是催化剂的一个相对较小的区域，为得到充分的代表性结果，需对催化剂表面的许多部分进行检测。

[34] 电子与中子衍射也可以用于同一目的，但这些方法都不太常见，可能是因为 X 射线衍射仪更容易得到。

第 5 章

催化反应器及催化反应动力学参数测量

本章要点

5.1 引言

第 3 章中提到催化剂可以提供更有利于反应进行的途径，从而加速反应。第 4 章向读者介绍了催化剂的制备与表征，但有一个关于催化剂表征的重要问题没有提到：如何检测催化剂在目标反应中的表现。因此本章就来解答如何在实验室测量催化反应速率以及如何对比不同的催化剂。下面章节将讨论如何将反应器按比例放大到实际尺寸。

假定在学习本章之前，读者已经熟悉均相反应动力学的研究方法，了解反应级数的概念以及温度对反应速率的影响（阿伦尼乌斯方程）。这些内容在许多物理化学课本中都有详尽的介绍，如有必要，在学习这一章节前先仔细研读其中一本。在研究液态均相反应（如酯的酸性水解）的动力学时，需要测定在特定温度下的至少一种反应物或产物的浓度随反应时间的变化函数。通常的做法是将容器（如带搅拌的烧杯）置于恒温器中，组成恒容反应器，每隔一段时间，从容器中取出少量反应混合物进行分析（例如，采用滴定法），最后根据取得的数据绘制反应物或产物的浓度随反应时间变化的曲线图。为了确定反应所符合的动力学表达式，用各种速率方程拟合所得数据，确定速率常数；然后计算反应活化能（见拓展阅读 5.1）。

研究气相反应动力学也可采用类似的方法，例如 NO 氧化得到 NO_2 的反应：

$$NO(g) + 0.5O_2 \longrightarrow NO_2(g) \tag{5.1}$$

式中，（g）表示反应物和反应产物为气态。在这个例子中，必须用一种分析方法来测量反应物及反应产物的分压；如果能够精准地控制化学反应（比如既没有产生 N_2O 也没有产生 N_2O_5），那么用恒容反应装置（例如置于适宜容器中的恒温的球形耐热玻璃容器❶）简单地测量压力变化就足够了。当然，还有许多分析方法，如气相色谱或质谱，也能够用来监测不同反应物以及反应产物的分压。

上述的恒容反应装置不适用于快速反应，因为在反应期间没有足够的时间进行充分的分析。为此，研究人员开发了许多其他技术用于研究快速反应的动力学，其中包括采用分光光度法测定流动反

---

❶ 要在较高温度下进行测试，必须将反应器浸于加热的液体中，或置于流化砂床或炉子里。

应器的反应产物及反应物的浓度。在这类反应器中，各种反应物被迅速加到一起，在流管的入口处充分混合，然后在距离混合点的不同位置测量反应物及反应产物的浓度，这就相当于在不同的反应时间进行测量。相反地，在所谓停滞流反应器中，流体能在指定的时刻停止流动，在距离混合点的特定位置测量随时间变化的反应物及反应产物的浓度。

∴ 拓展阅读 5.1 均相反应动力学

反应物 A 和 B 在初始反应浓度相同时的化学反应：

$$A+B \longrightarrow C+D$$

假定化学反应的计量与化学反应方程式一致，那么该反应速率公式如下：

$$r=-k_T[A]^n \ (=-k_T[B]^n)$$

式中，k_T 是温度为 T（单位 K）时的速率常数，n 是反应级数。如果是一级反应，即 $n=1$，由此得到等式：

$$\ln([A]/[A_0])=-k_T t$$

式中，$[A_0]$ 是反应物 A 的初始浓度，t 是反应时间。由上式可知，$\ln[A]$ 随时间 t 成直线变化，斜率为 $-k_T$。实验可以在不同的温度下重复进行，从而获得不同温度下的 k_T 值。

由阿伦尼乌斯方程可知，速率常数与活化能 E_r 的关系如下：

$$k_T=A\exp[-E_r/(RT)]$$

$\ln k_T$ 随 $1/T$ 成直线变化，斜率为 $-E_r/R$，R 为气体常数。

5.2 静态反应器

与上面讨论的用于均相反应系统的反应器类似，在研究发生在气固界面上的催化反应时，可以将反应混合物放入装有催化剂样品的恒容反应器中（图 5.1），同时测量反应产物及反应物在不同反应时间的浓度。采用这种方法研究反应速率时，必须意识到一个重要的影响因素：反应物与反应产物的气相混合速度，而这又取决于其分子的平均自由程。各种分子的平均自由程（λ）由下式确定：

$$\lambda=RT/(\sqrt{2}N_A\sigma p) \tag{5.2}$$

式中，R 是气体常数；T 是反应温度，K；N_A 是阿弗加德罗常数；σ

是分子碰撞截面面积❷；p 是压力。例如在 1atm、室温下，能计算出氧气的平均自由程是 7.3×10^{-8}m=73nm。很明显，单一气体分子或混合气体分子间的碰撞次数要比气体分子与直径在几毫米以上的反应器器壁之间的碰撞次数多得多。由此可以得出几个重要的推论。目前研究中最应注意的是：由于两种或更多种气体的有效混合取决于分子间的运动，而这运动又因为分子间的碰撞而受阻，因此气体很难在恒容反应器中保持充分混合；这是因为反应只发生在反应器中的一部分——位于反应器底部的催化剂床层的表面，而不像均相反应发生在整个反应器中。这就意味着如果采用这种只装有少量催化剂的装置，在 1atm 下研究催化反应，且用于分析的仪器（例如质谱仪）的取样口离催化剂较远，那么混合就不够充分，从而导致实验结果不准确❸。

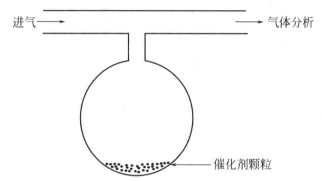

图 5.1　用于研究粉体或颗粒催化剂的低压恒容反应器

解决气体混合问题的一个方法是降低反应压力，例如，预先将反应器抽真空，再通过阀门导入反应物气体。根据经验，当平均自由程接近反应器的直径，且气体分子与反应器器壁之间的碰撞次数比气体分子间的碰撞次数多时，气体分子间将实现充分或比较充分的混合。实际上，这意味着如果要使混合速率足够高，以避免带来分析上的问题，那么反应压力的上限为 10^{-3}bar（平均自由程 10^{-4}m，0.1mm）。拓展阅读 5.2 给出了一个采用这类反应装置进行研究的例子：在预还原 Ni/Al_2O_3 催化剂上进行甲烷水蒸气重整反应。采用低压系统有两大优势：首先，可以原位预还原催化

---

❷　σ 值取决于所讨论分子的分子量：如氢气的 σ 值为 0.27nm²，氧气的 σ 值为 0.40nm²，苯的 σ 值为 0.88nm²。

❸　在研究球状催化剂的催化反应速率时，平均自由程在气体混合过程中也很重要。不过在此情况下，气体混合的局限性可能与气体在催化剂内外的扩散情况有关，这已在图 4.1 中提到，后面还将对此进行讨论。解决气体扩散问题的另一个途径是采用微通道反应器，这部分内容将在5.10 节进行讨论。

剂，且能方便地监测还原过程；其次，由于甲烷的水蒸气重整反应是吸热反应，低压可以使反应在较低温度（大约 600℃）下，实现接近 100% 的转化率，而在较高的压力下，要实现完全转化，温度需达到 800℃ 以上。

⋰ 拓展阅读 5.2

在低压环境下操作的反应器的例子：使用质谱仪，研究低压反应系统中，甲烷在 Ni/Al_2O_3 催化剂上的水蒸气重整反应[a]：

$$CH_4 + H_2O \longrightarrow CO + 3H_2 \qquad (\mathrm{i})$$

通过一个小型的连续抽气的质谱仪（残余气体分析器）分析反应混合物，距离反应器几厘米的毛细漏孔连接质谱仪和恒容反应装置。为了改善反应气体的循环与混合，该装置还安装了小型离心玻璃泵，由此成为小型气体循环反应器（见 5.3 节）。研究发现，当向已装有某种气体的此种反应器中加入另一种气体时，两种气体能瞬间充分混合。因此，该反应器能用于研究浅床粉体催化剂的催化反应，所获得的动力学数据将有效地排除气体内扩散与外扩散问题所带来的影响。

研究结果表明，在 75%（质量分数）Ni/Al_2O_3 催化剂上，甲烷水蒸气重整反应的反应速率可以由下面公式获得：

$$-dn/dt = 1.78 \times 10^{18} \, p_{CH_4}^{1.0} \, p_{H_2O}^{-0.5} \exp\left(\frac{-29000}{RT}\right) \qquad (\mathrm{ii})$$

假定反应在给定的条件下按方程式（i）进行，由于甲烷和水蒸气的初始浓度相同，因此反应速率公式可以改写为：

$$dp_{CH_4}/dt = kp_{CH_4}^{0.5} \qquad (\mathrm{iii})$$

积分得：

$$p_{CH_4}^{0.5} = 常数 - kt/2 \qquad (\mathrm{iv})$$

由上式可知，甲烷气体分压的平方根随反应时间成直线变化。图(a)~图(d)是根据反应温度为 873K 时测得的数据计算后绘制的。图(a) 是重复实验的结果，说明实验是可重复的。由图可知，只有在反应进行 50s 以后，甲烷气体分压的平方根随反应时间变化才成一条直线。这表明，由于在初始反应时，催化剂还处于氧化状态，因此开始测得的结果偏离直线，而随着反应的进行，催化剂处于还原状态后，甲烷气体分压的平方根随反应时间为线性关系[b]。图(b) 反映了在反应物中增加氢气对实验结果的影响。由图可知，随着反应物中氢气的增加，实验结果距离直线的偏差越来越小。图(c) 和图(d) 表明 CO 和 CO_2 对反应有抑制作用，这可能是由于这些气体分子更易与催化剂 Ni 或 NiO 的活性位结合。

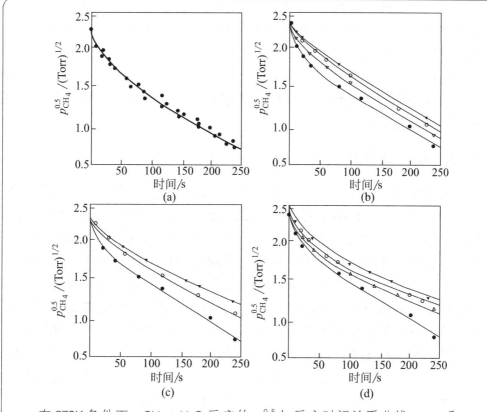

在 872K 条件下，$CH_4 + H_2O$ 反应的 $p_{CH_4}^{0.5}$ 与反应时间关系曲线，CH_4 和 H_2O 初始压力相同，为 2.36Torr：（a）数据可重复性；（b）加入 H_2 的影响（▾4.72，◦2.83，▿0.65，•0.00 Torr）；（c）加入 CO 的影响（▾4.72，◦2.36，•0.00 Torr）；（d）加入 CO_2 的影响（▾4.72，◦2.36，△0.65，•0.00 Torr）。

图片的使用得到英国皇家化学学会的允许。

[a]　J. R. H. Ross，M. C. F. Steel，J. Chem. Soc.，Faraday Trans. Ⅰ，69（1973）10.

[b]　3.3 节中提到了氧化/还原。

5.3　搅拌反应器与强制循环反应器

5.3.1　搅拌反应器

搅拌和再循环反应器同样具备许多低压恒容（静态）反应器的优点。在没有任何流体流经反应器的间歇式反应中，搅拌反应器的使用更为普遍，它常用于气体、液体或固体的反应，反应器中的固体催化剂则以粉体状态悬浮于惰性液体或反应物的液体中。反应物及反应产物在不同反应时间的浓度的测试方法以及浓度与反应时间的相互关系的数据处理方法都与上面讨论的恒容反应器相同。一般地，如果有反应物流体流入或反应产物流体流出反应器时，浓度的测试以及数据的处理应当采用下面章节讨论的搅拌强制循环反应器所采用的方法。

5.3.2　强制循环反应器

在强制循环反应器中，反应混合物在外部进行快速循环，从而有效地确保反应物及反应产物的浓度在整个催化剂床层上保持稳定。多数情况下，这类反应器还需要有稳定的进料流以及在反应器床层其他位置的出料流。如图 5.2 所示，进出催化剂床层的反应物流速与反应速率相同。只要循环速率与反应速率相比足够高，那么出口处反应物及反应产物的浓度就与催化反应床上相应物质的浓度相同。Berty 反应器（图 5.3）是典型的强制循环反应器，详细的操作方法见 Autoclave Engineering 操作手册（见拓展阅读 5.3），另一种反应器是 Carberry 转篮式催化反应器，在手册中也有描述。包含 Berty 或 Carberry 系统的强制循环反应器中的反应物与反应产物的理想浓度分布与图 5.2 所示强制循环反应器的浓度分布相同。在反应器左侧（入口处），反应物浓度一直是恒定的，直到反应物进入反应器。在反应器中，反应物浓度迅速降低至某个恒定的值，并持续到离开反应器。反应产物的浓度在反应器入口处迅速增加至某个恒定的值，并保持到反应器出口处。而要达到这种状态，循环速率必须远大于反应速率。实际应用中，一般很难达到这种理想状态，多少会有些偏离。实际上可能存在第二种反应物，或者产生第二种反应产物，每种额外的反应物或是反应产物都存在另一种状态，但为清晰起见，暂时忽略这些情况。强制循环反应器具备其他类型反应器所没有的一个优点，即它能通过控制反应物的流速及转化率来直接控制反应速率；而转化率可以用浓度的变化量除以初始浓度获得。

任务 5.1

如何通过使用 Berty 反应器来获得拓展阅读 5.2 中式(ⅱ)所示的动力学数据。

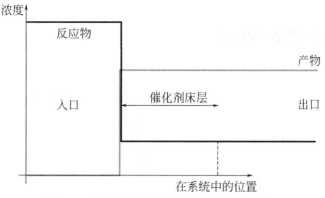

图 5.2　强制循环反应器的典型浓度分布

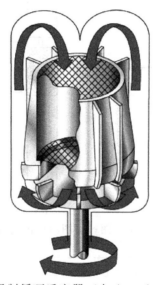

图 5.3　Berty 型强制循环反应器（由 Autoclave Engineers 提供）

5.4 流过式反应器

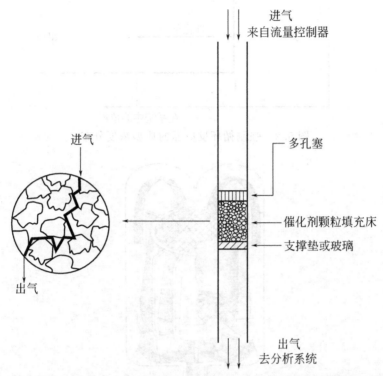

图 5.4　催化连续流反应器示意图（插图给出经过床层截面的流体示意图）

> ### ∴拓展阅读 5.4　球状或条状催化剂填充床
>
> 　　图 5.4 所示为不规则小颗粒催化剂填充床，有时也可能用到填充球状或条状催化剂的反应器。然而，由于上述的尺寸限制，采用球状或条状催化剂填充床时，反应器就需要比平常大多数实验室所用的大，一般只在中试或生产中使用。

　　该反应器与快速均相反应研究中使用的流动反应器（见 5.1 节）类似，在实验室进行的催化反应研究中大多采用此类反应器。在这类反应器中，催化剂置于由两块多孔板或玻璃板限域的填充床内。为了使催化剂尽可能分布均匀，确保气体由上到下流动，填充床免受气流的干扰❹，通常

---

❹　有时填充床也水平放置，也有流体自下而上流动的。在采用流化床反应器时，流体总是从下而上流动的（见 5.5 节）。

将反应器垂直安装。图5.4所示为典型的活塞流反应器。进入反应器的气流由流量控制器控制，流出填充床的气体通过气相色谱等适宜的仪器进行分析。为了加强气体的横向混合，避免气流在垂直方向上存在浓度梯度，填充床必须能使气体蜿蜒流动（见插图）。为了能使气体在催化剂颗粒内部得到充分混合，并避免反应产物与反应物之间的反混，反应器的直径应至少是催化剂颗粒粒径的10倍以上，填充床的深度至少是其宽度的三倍以上。通常，反应器置于一个合适的炉子中，热电偶直接外置于反应器填充床附近，或装在保护套内插入填充床。当热电偶套管插入催化剂床层时，必须确保它不会影响气体的流动，并避免形成沟流通道使反应物流动短路。图5.5比较了填充床内气体的三种流动路径。（a）理想流动路径（与图5.4的插图相同）；（b）催化剂床填充不当时形成的反应物沟流；（c）热电偶放置不当时沿着热电偶侧壁形成的气体沟流。另一个重要的影响因素是催化剂的热导率，这在研究强放热反应或强吸热反应时尤为重要。因为要确保反应器内部温度均匀，反应热必须能在反应器器壁及填充床之间迅速传递。填充床内理想的气体流动如图5.6所示，浓度均匀的气流在填充床内移动，并且确保中心和器壁的气体浓度没有差异，即"活塞流"。

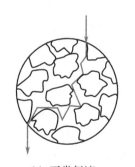 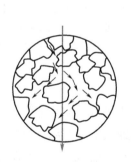 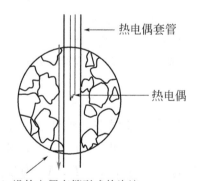

（a）正常气流　　　（b）存在沟流的气流　　（c）沿热电偶套管形成的沟流

图5.5　催化剂床层内气流通道示意图

（a）如图5.2的正常气体流动路径；（b）由于床填充不当
形成的沟流通路；（c）沿热电偶侧壁形成的沟流通路

活塞流一旦形成，那么在填充床任一横截面上，反应物及反应产物的浓度是均一的，并与反应物的初始浓度及反应物同催化剂的作用时间相关。如图5.6所示，反应物与催化剂的作用时间（t）取决于流速、填充床横截面积及与入口的间隔距离。流速（F）的单位一般是 $cm^3(STP)/min$

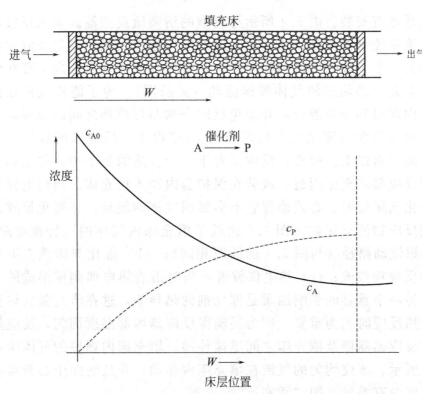

图 5.6　活塞流条件下填充床反应器中浓度与位置的关系图

图中催化剂床层画成水平放置，以便和均相反应或恒容反应系统对比（见拓展阅读 5.2）。注意这里 x 轴为 W，代表对应于该点的催化剂的重量；如果 x 轴用 W/F（F＝流速），则表示反应物的停留时间概念。如果床层的有效密度是 $1.0g/cm^3$，W/F 就是反应物与床层接触的时间

（也可采用分子数/s 或 mol/h 等其他单位）。如果填充床的总体积为 V_T，且在反应过程中气流体积没有发生明显的变化❺，那么反应气体流经整个填充床的时间 τ_T 为 V_T/F，相应地气体到达填充床中心任一位置（x）所耗时间 t 等于 V_x/F，V_x 为填充床气流从入口处到该 x 位置所填充的催化剂体积。催化剂的体积取决于催化剂的填充密度，实际上，一般以填充床气流入口处到该 x 位置所填充的催化剂的重量（W_t）占填充床内所有催化剂的重量（W_T）之比来确定填充密度。尽管理论上可以采用诸如移动探头或沿填充床垂直位置布置取样点的方法测试不同位置反应物及反应产物的浓度，但实际上很难实现。所以，一般在填充床出口处，根据流体通过催

---

❺　如果反应物及反应产物被载气充分稀释，那么这种假设就是合理的。然而，如果稀释剂的浓度无法估计，那么就要考虑反应引起的体积变化，以便合理校正试验结果。

化剂的速率❻测试气体浓度，并根据 W/F（见图 5.7）绘制出口处气体浓度曲线图。当然也可以在不同温度下进行一系列试验，获得反应的活化能。

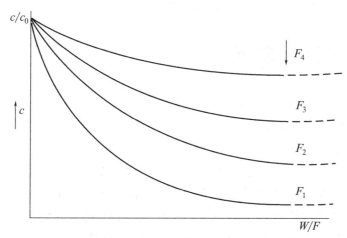

图 5.7　不同流率（F）下流过填充床流体的 c/c_0 与 W/F 关系

　　理论上，图 5.7 中所绘曲线对应的数据同样适用于积分速率公式，从而获得不同温度下的速率常数。但这在实际上非常困难，因为要通过积分得到动力学公式并不容易（见第 6 章）。因此，更为常用的是"微分法"，即在不同反应条件下进行实验从而获得反应速率。在 W/F 趋于零时，通过求出曲线的正切值可以得到图 5.7 所示的初始反应速率，这就需要针对每个速率分别进行实验。如果测得的转化率低于 20%，则可假设接近初始速率，那么仅需要一次测试就够了❼。这样我们就获得了不同反应温度及初始浓度时的一系列速率。另外，通过在反应物中添加不同数量的反应产物，可以确定反应产物浓度对反应速率的影响。

　　前面的章节中假设填充床内所有催化剂都能轻易地与反应物充分接触，且化学反应在不同催化剂颗粒上均匀发生，也就是说填充床内不存在扩散限制。此种条件下的测试只局限于采用颗粒相对较小的催化剂（这种情况下，可忽略扩散阻力）或者反应速率相对较慢的实验。第七章将讨论在大型反应器中采用具有较大粒径的催化剂的情况和由此带来的反应物及

---

　　❻　原则上也可改变催化剂的重量，但是这样做很难避免误差。例如，很难在不同的填充床中维持相同的流体状态，且存在引入沟流的危险，特别是在填充床重量较低的情况下，更容易出现这种现象。用不同重量的惰性材料稀释催化剂能很大程度上避免此类问题，确保不同试验中整个填充床的重量保持一致。

　　❼　如果转化率低，所测得转化率与原点连线的斜率近似于曲线在原点处的切线。

产物的外扩散（气流与催化剂外表面之间的扩散）与内扩散（催化剂内表面与气相之间的扩散）问题，并了解这些因素对动力学测量的影响。现在，我们将介绍另外几种类型的反应器。

5.5 流化床反应器

虽然流化床反应器一般适用于大规模应用（见第7章），但有时也用于实验室或小型的催化剂测试中，对此本章节只作简单介绍。当小催化剂颗粒装入填充床反应器，在气流速率较高时，压降会很大，而采用流化床反应器就能解决这个问题。如图5.8所示，催化剂置于一个底板带有孔洞的容器中，反应气流从这些孔洞进入反应器。当气流速度较低时，气泡像通过液体一样通过粉体催化剂床；然而，随着气流速度增大，床层变成流态化，体积明显增加，气泡消失；此时，催化剂床层仍然存在，在其上面有分离的气相。但是，只要气流速度没有增加太多，催化剂就不会从出口管道溢出，仍然会留在反应器内❽。与固定床反应器相比，各种类型的流化床反应器都具有一个重要的优势，即能够在它们顶部通过加料系统加入催化剂，并且在底部排出用过的催化剂。Wikipedia网页中的词条(http://en.wikipedia.org/wiki/Fluidizedbed_reactor)描述了流化床反应器的优缺点。需要强调的是，该词条也提到了除催化反应以外，流化床也可用于其他化学反应。流化床反应器的优点是能消除热交换及传质等梯度，而缺点是反应器体积较填充床大、耗能高且可能夹带催化剂颗粒。有关流化床具体操作的内容请见http://www.ansys.com/industries/chemical-process-fluidized-bed-ani.htm。

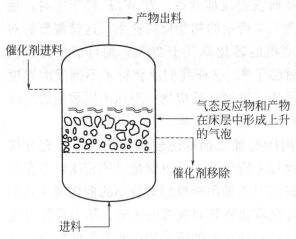

图5.8 流化床反应器示意图

该反应器在有或无催化剂流动的条件下均可以操作；
后者通常在催化剂逐步失活的情况下使用

---

❽ 在更高的气体流速下，反应器中气固两相不再能因重力分离，而必须通过单独设置的旋风分离器进行分离，这与下面讲到的催化裂化工艺中使用的夹带流反应器一样。

需要强调的是，由于流化床反应器适宜于大规模操作，因此，较之于基础实验研究领域，它更常用于工业。由于实际应用规模的流化床反应器很难模型化，因此在实际应用之前，一般采用中试规模的流化床反应器进行研究。

图 5.9 所示为用于流化催化裂化（FCC）（见第 8 章）的夹带流（提升管）反应器。此类反应器中，气流速度很大，从而能以同样的速度夹带着催化剂颗粒穿过反应器。气流离开垂直反应器（提升管）后，通过旋风分离器将催化剂与气体分离，得到气相产物，而催化剂重新加入到反应器中循环利用。如有必要，可以单独配备催化剂再生系统，如烧掉形成的积炭，除去失活的催化剂，补充新鲜的催化剂。在一些应用中，也可在催化剂中添加其他组分，如可以在气流中添加吸附剂选择性除去有害气体，如 H_2S，或添加有助于主催化反应进行的辅助催化剂。例如，为脱除催化剂再生系统中产生的 NO_x 时，可以添加一种脱硝助剂以利于反应管中 NO_x 的选择性催化反应。同上面所说的传统的流化床反应器一样，虽然提升管反应器也用于小型中试反应器，进行实验研究，但这类反应器通常在商业应用中使用。

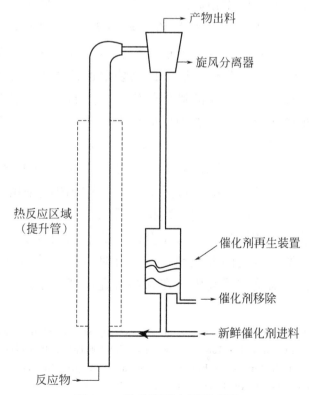

图 5.9　提升管反应器示意图

催化剂颗粒被反应物气流夹带，反应后经旋风分离器分离，然后在再生器中再生

夹带流反应器的原理是循环使用通过再生器的小颗粒，DuPont 已经将这一原理推广到了较大的催化剂颗粒上，并用于丁烷氧化制马来酸酐的选择性氧化反应中：

$$C_4H_{10} + 7/2O_2 \longrightarrow C_4H_2O_3 + 4H_2O$$

在这个系统中，反应物首先在一个反应器中被催化剂中的氧氧化，然后将这些被部分还原的催化剂输送到第二个反应器中用空气氧化再生。该反应系统的一个优点是可以避免马来酸酐与氧气接触，并尽可能减少 CO_2 等不利副产物的生成。该工艺要求催化剂的物理性能稳定以免在输送过程中发生磨损。同时，输送大量催化剂需要消耗大量能源（见任务 5.2）。

5.6　脉冲反应器

在脉冲反应器中，反应物或反应物的混合物以小脉冲的方式经过少量待测试催化剂，然后直接进入分析检测系统[9]。图 5.10 所示为典型脉冲反应器。从反应器出来的混合物经过气相色谱柱分离成多个单一组分，然后进入经过校正的检测器测量浓度。此类装置通常用来从系列催化剂中快速筛选出适用于某一特定反应的最佳催化剂。然而，更具价值的是它能用于示踪实验，即将标记分子添加到反应物中，然后观察该标记元素在反应产物中的位置。最初 Emmett 和他的同事[10]在研究用合成气（CO＋H_2 混合气）生成烃类化合物的费托合成机理时开发了该项技术。Galeski 和 Hightower 对这个系统的使用进行了综述[11]。它的缺陷是由于实验不是在催化剂稳态下进行的，因此得到的数据只适用于动态条件下的催化剂的性质描述。换句话说，数据只表征未完全活化的催化剂或是在反应物脉冲经过时，表面状态发生改变的催化剂。尽管有时会将与其相当的反应器进行组合，用于高通量筛选的研究中，在这些研究中把多个潜在的催化剂小样

---

❾　文献 E. G. Christoffel，Laboratory studies of heterogenous catalytic processes，in：Z. Paál (Ed.)，Stud. Surf. Sci. Catal.，42（1989），Chapter 4 给出了脉冲催化反应器的详细综述。

❿　R. J. Kokes，H. Tobin，P. H. Emmett，New microcatalytic-chromatographic technique for studying catalytic reactions，J. Am. Chem. Soc.，77（1955）5860.

⓫　J. B. Galeski，J. W. Hightower，Microcatalytic reactors：Kinetics and mechanisms with i-sotopic tracers，Canadian J. Chem. Eng.，48（1970）151.

暴露在反应物脉冲或连续流中，对比它们的活性（见拓展阅读 5.6），但该技术现在已很少使用。

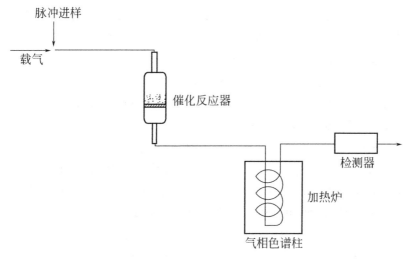

图 5.10　典型脉冲反应器

采用高通量和脉冲方法监测催化剂活性及选择性的条件还很不理想，因此所获得的数据只是近似值。此外，虽然这些方法能节约大量人力，但这也取决于所采用的数据处理方法。通过阅读一些 Euro-CombiCat 的会议论文，就可以感受到该方法的复杂性。然而，尽管很多人声称已经用这个方法开发出了一些新型商用催化剂，但大部分关键结论都属于商业机密，这也是评价该方法有效性时所遇到的一个问题。生产高通量实验反应器的一个公司是位于海德堡的 BASF 的子公司 HTE（详见 http：//www. hte-company. com/en/sitemap，可查到该方法的一些具体信息及技术数据）。位于加利福尼亚的 Symyx Inx. of Santa Clara 是较早研究该项技术的公司，目前已合并到 Accelrys（http：//accelrys. com）。

任务 5.2　DuPont 的循环流化床技术

以 R. M. Contracor 的论文 ［Dupont's CFB technology for maleic anhydride. Chem. Eng. Sci. ，54（1999）5627］为出发点，查阅相关文献。

　　如果采用多路反应器研究反应动力学，那么寻找用于特定反应的新型催化剂的工作不仅费时费力，而且所使用的设备与化学用品也很昂贵。因此，大家都积极致力于采用组合和高通量实验技术来同时检测多个催化剂样品的性能，以便从中选择具有潜在高活性的催化剂。催化剂有多种制备方法，如制成一系列小样，并用一组平行排列的类似活塞反应器的反应器进行测试［如 G.Grasso，J.R.H.Ross, in：J.R.Sowa（Ed.），Catalysis of Organic Reactions，Taylor and Francis（Baton Rouge），2005，393］；或者将催化剂样品放置在基体上，然后用某种方法测试不同的催化剂样品，如将反应物脉冲依次作用于催化剂，然后用通气管监测反应产物。关于该技术已举行过多次科技会议，如 Eurocombicat（http://www. eurocombicat. org），其中的两届会议论文分别发表在 Catalysis Today，137（2008），Issue 1 和 Catalysis Today，159（2011）Issue 1 上。

任务 5.3　高通量试验

　　Symyx 的 W. H. Weinberg 是高通量实验方法的发明者之一，在科学网站或 Scopus 数据库中搜索他的名字，找出他的文章，并通过这些文章的引用文献查找其他在该领域发表过文章的作者。查阅并了解实验中用到的方法及其所研究的催化体系。也可适当查阅拓展阅读 5.6 中介绍的文献。

5.7　TAP 反应器

　　反应产物瞬态分析技术（TAP）是 Jone Gleaves 及其在 Monsanto 的团队于 1978～1979 年开发的，目的是加速研发用于特定工艺的新型催化剂。1984 年，该项技术被引入科学界并申请了一系列专利。事实上，该方法就是将极少量的反应物气体或气体混合物用高速脉冲阀同时或以一定时间间隔注入催化剂表面（图 5.11 和图 5.12），然后用安装在催化剂床出口处的四极杆质谱仪（QMS）监测反应。该反应系统可在多种方式下运行，主要取决于使用的是少量脉冲（如提供基本动力学数据的“探测试验”），还是依次提供的大量脉冲（用于获知不同物质吸附与解吸特性的“多脉冲试验”；以及用于评价催化剂的使用寿命、选择性和所吸附物质的反应活性的"泵浦探测试验",该试验是在两种或两种以上的反应物以不同时间间隔注入反应器的方式下进行的)。由于试验采用的不锈钢超真空反应器价格昂贵(图 5.12),因此迄今为止,存有数量很少。尽管如此,在该类反应器上进行的实验为多种反应体系的研究提供了许多有价值的信息(通常是利用少量的实验来验证研究者的最初设想)[⑫]。

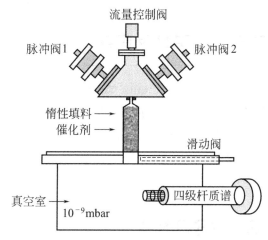

图 5.11　TAP 2 反应器

来源：J. Pérez-Ramírez and E. V. Kondratenko，Catal. Today，121 (2007) 160e169。出版得到 Elsevier 允许

图 5.12　安装在 ICIQ、Tarragona 和 Spain 处的 TAP 2 反应器照片 (Autoclave Engineers 制造)

1—连续流量控制阀；2—高速脉冲阀；3—微型反应器；

4—含液氮阱的真空室；5—滑动阀；6—四极杆质谱

来源：J. Pérez-Ramírez and E. V. Kondratenko，Catal. Today，121 (2007) 160。出版得到 Elsevier 允许

---

⑫　由 E. V. Kondratenko 和 J. Pérez-Ramírez 编辑的 Catalysis Today ［vol. 121，isuues 3-4 (2007)］特别报道了该项技术的应用及一些工作者对此所做的贡献。

任务 5.4　TAP 反应器

通过 Web of Science 或 Scopus 网站查阅 J. T. Gleaves（华盛顿大学）发表的文章，并查找在 TAP 技术领域的主要作者。然后，阅读使用 TAP 技术研究丁烷选择性氧化生成马来酸酐的文献，总结该反应中可能存在的反应机理。

5.8　SSITKA

SSITKA（稳态同位素瞬变动力学分析）技术最初由 Happel、Bennett 和 Biloen 开发[13]，是一种在气相组成无任何（或明显）改变的情况下，切换流经催化剂填充床气体中同位素组成的技术。在该装置中，被监测的同位素可以被置换成另一种同位素而不影响其他流体。图 5.13 所示为用 Pd/Al_2O_3 催化甲烷氧化反应的典型检测试验装置。当用 $^{18}O_2$ 气流代替含有惰性示踪剂 Ar 的 $^{16}O_2$ 气流时，检测 CO_2 中同位素分布的改变，与 Ar 示踪剂的消失进行关联。图 5.14 所示为温度 583K 下测得的实验结

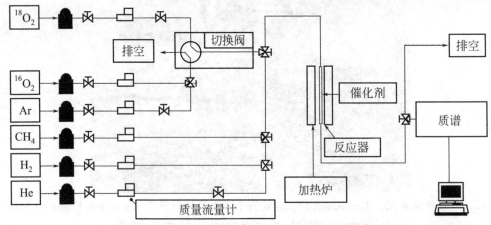

图 5.13　用于 Pd 催化剂上甲烷催化氧化的 SSITKA 测量装置

来源：A. Machocki, M. Rotko, B. Stasinska, Catal. Today，137（2007）312。复制得到 Elsevier 允许

---

[13]　J. Happel, Chem. Eng. Sci.，33（1978），1567；C. O. Bennett, ACS Symp. Ser.，178（1982）1；J. Biloen, J. Molec. Catal.，21（1983）17.

果，根据这些结果和其他结果我们可以推论，催化剂中的氧参与了反应，遵循 Mars-van Krevelen 反应机理。全面处理 SSITKA 获得的数据要求进行仔细的数学分析，有兴趣的读者可以查阅脚注❸中的文献继续钻研该领域。本书不涵盖进一步的数据处理。

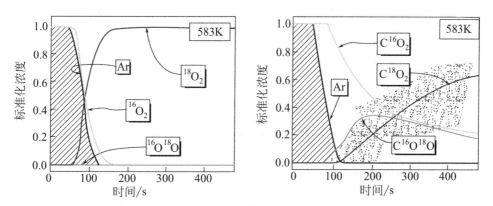

图 5.14　583K 时将 $O_2^{16}/Ar/CH_4/He$ 切换为 $O_2^{18}/CH_4/He$ 的结果（确保 10% 的甲烷转化率）
来源：A. Machocki，M. Rotko，B. Stasinska，Catal. Today，137（2007）312。复制得到 Elsevier 允许

5.9 "原位/Operando"法

前面章节提到的 SSITKA 技术旨在获得操作条件下的催化反应机理，一般取决于曲线拟合但并没有直接在反应器内观察。"原位"和 Operando 方法旨在直接识别催化条件下的反应物种❹。许多物理识别技术已经结合使用这样的测量方法，包括透射傅里叶变换红外光谱（FTIR）、漫反射红外傅里叶变换光谱学（DRIFTS）、Raman 光谱、紫外可见吸收光谱、X 射线光电子能谱（XPS）、和频广谱测量系统（SFG）、振动光谱和核磁共振（NMR）。虽然所有的这些方法都能在催化实验中直接监测表面物种，但最常应用的方法还是 DRIFTS。

这里采用 Raman 光谱❺及在线气相色谱的联合分析方法研究 VO_x/Al_2O_3 催化剂上丙烷氧化脱氢反应，以此作为 Operando 光谱应用的一个

---

❹ "原位"指采用运行状态的催化剂进行测量，而不是把测量的结果与实际的催化剂测量相关联。"Operando"方法是指通过在线分析反应物质，以确保获得的活性数据与使用传统反应器获得的数据一致。

❺ Raman 光谱本身能够提供有关氧化物表面物种的特征信息，在此例中，它明显区分了催化剂表面不同形式的 V—O 键。

例子。图 5.15 所示为 Guerrero-Peréz 的实验装置。图 5.16 所示为不同丙烷与氧气比的条件下测得的实验结果。由图可知，尽管当丙烷/氧气比为 2 时，对应 V ═O 键的 $1009cm^{-1}$ 波段位置没有出现峰值，但在不同气相组成下都存在唯一表面物质 V ═O。在使用紫外可见光谱法进行平行试验时发现，在丙烷与氧气的比值为 10～2 的范围内，催化剂都发生了明显的还原。因此，作者认为丙烷的氧化脱氢反应是由于表面聚合态的氧化钒被还原，且具有活性的表面物种只有 V ═O。

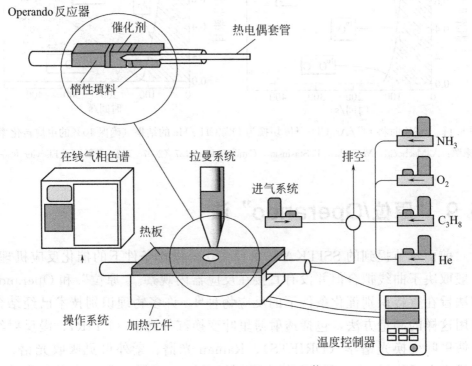

图 5.15　Operando Raman-GC 装置

来源：M. O. Guerrero-Pérez，M. A. Bañares，Catal. Today，113（2006）48-57。复制得到 Elsevier 允许

任务 5.5　Operando 光谱

通过 Web of Science 或 Scopus 网查阅拓展阅读 5.7 中提及的两个学术会议论文集，将论文作者、所研究的反应系统、试验中用到的分析方法以及得出的结论列制成表。

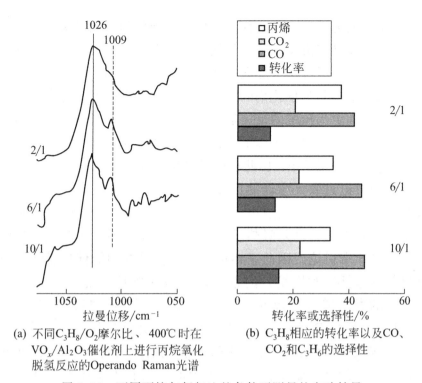

(a) 不同C_3H_8/O_2摩尔比、400℃时在   (b) C_3H_8相应的转化率以及CO、
VO$_x$/Al$_2$O$_3$催化剂上进行丙烷氧化   CO$_2$和C_3H_6的选择性
脱氢反应的Operando Raman光谱

图 5.16　不同丙烷与氧气比的条件下测得的实验结果

来源：M. O. Guerrero-Pérez，M. A. Bañares，Catal. Today，113（2006）48-57。复制得到 Elsevier 允许

拓展阅读 5.7　有关 Operando 光谱技术的学术会议

　　关于 Operando 光谱技术，已经举行了多次国际会议。第一届于 2003 年在荷兰的 Lunteren 召开；第四届于 2012 年在美国的布鲁克海文国家实验室举行（http://www.bnl.gov/newsroom/events/wokshops/2012/operandoIV/default.asp）。为了配合该专题会议，Catalysis Today 分两期对会议论文进行了报道：vol. 113（1-2）（2006），客座编辑，F. Meunier 和 M. Daturi，是 2006 年在西班牙托莱多举行的第二届国际会议（Operando 2）的会议记录［第三届会议（Operando 3）于 2009 年在德国罗斯托克举办，第四届会议于 2012 年在美国纽约举办，第五届会议于 2015 年在法国多维尔举办］。这两期杂志介绍了上述提到的各种分析技术并通过经典案例介绍了它们在各种反应中的应用。

5.10　微反应器法

　　在过去二十年里，微反应器技术及其应用取得了快速发展，这使得设计小型高效化工厂成为可能，在这种化工厂里，催化剂起到了关键性作用。微反应器技术的发展又取决于一项工程技术，即在金属板表面制造小孔径微通道，然后将这些金属板层层叠加在一起组成微型反应器。现已用这种方法开发了多种在微通道内制备催化剂的技术，所制备的催化剂性能与传统催化剂非常相似。与其他更为传统的反应器相比，此类反应装置具有很多重要的优点，如能更好地传质传热，可以简单地通过增加金属板的数量进行放大等。此外，由于反应器体积较小，因此在易爆现场应用时更为安全。

文献已经讨论过微反应器的许多潜在应用，其中最有发展前景的是生产燃料电池所需的氢，可通过甲烷水蒸气重整或高碳烃（汽油或柴油）自热重整获得。此类工艺都是吸热反应，因此需要外界提供热量，具体的反应特征将在第 8 章讨论。因此正在进行的工作是找到能催化燃烧燃料电池阳极排出气（包括氢和甲烷）的系统，以提供必要的热量。图 5.17 所示是为此设计的微通道金属板反应器的构造。先在金属板的微孔道内涂上 Al_2O_3 载体，然后将 Pt/Mo 或 Pt/W 活性组分负载在上面。之后利用甲烷燃烧反应来测试该系统，并与一些商用催化剂进行比较。结果如图 5.18 所示，需要注意的是，温度在 600℃ 以上时，实验中所用的催化剂都能使甲烷实现 100% 的燃烧，在此条件下生成 CO_2 的选择性为 100%。

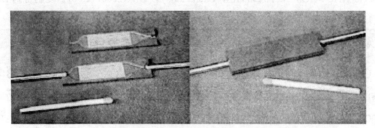

图 5.17　用于甲烷催化燃烧的微通道反应器小板块

来源：M. O'Connell, G. Kolb, R. Zapf, Y. Men, V. Hessell, Catal. Today, 144（2009）306。复制得到 Elsevier 允许

任务 5.6　微型反应器技术

德国美因茨的 V. Hessel 是微型反应器领域的领军人物，原就职于微型反应器技术研究所，现在是荷兰埃因霍温科技大学的全职教授。在 Web of Science 或 Scopus 网站搜索他发表的论文，然后查找该领域的其他作者，了解他们所研究的反应体系以及采用的反应器类型。

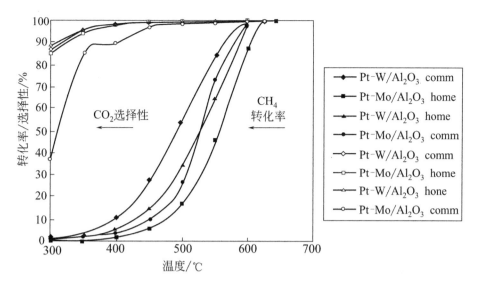

图 5.18　四种催化剂上甲烷的转化率和选择性

comm—商业催化剂；home—实验室（Institut für Mikrotechnik

Mainz GmbH，德国美茵兹微反应研究所）制催化剂

条件参见源期刊：M. O'Connell et al.，Catal. Today，144（2009）306-311。复制得到 Elsevier 允许

5.11　结论

　　本章介绍的大部分反应器主要用于在实验室研究催化剂的催化行为，或者在催化剂的研发中用于对比不同的催化剂，或者用于获得催化反应机理和动力学的信息。有关催化反应动力学及其机理的内容将在第 6 章介绍。第 7 章将讨论催化反应器在工业规模生产工艺中的应用以及由此带来的传热及传质方面的问题。

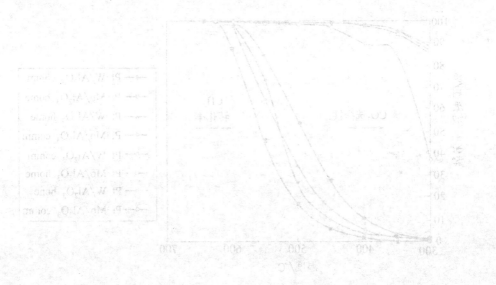

第6章

催化反应动力学及反应机理

6.1 引言

反应动力学和反应机理密切相关，反应动力学的计算常常能给出反应机理的相关信息。此外，详尽的反应动力学方程对反应装置的设计和优化也非常重要。均相系统的计算方法很简单，但实际催化反应的动力学常常是非常复杂的。这是由于实验得出的表达式常常比由单一均相反应式得出的表达式复杂得多❶。尤其在工程应用方面，简化的动力学表达式（"本征动力学"）能在一定的反应物分压、产物分压和温度范围内，有效描述催化反应过程，但这样的表达式与这里讨论的反应机理无关。如果传质和传热等物理过程影响到测量的反应速率，则情况将变得更加复杂。后一种现象将在第 7 章中进行讨论。

本书第 3 章讨论了催化剂是如何作用的：反应物在催化剂表面活性位上发生吸附，从而为反应提供了另一条路径，这条路径与均相过程相比有更多优势。第 4、5 两章讨论了如何制备催化剂、表征催化剂以及测试催化剂的活性。本章将研究如何利用数学方法根据机理得到催化反应的动力学。之后讨论某些已经详细介绍过的反应的机理。

在后面的章节中，首先将介绍三个经常使用的动力学表达式，这些表达式描述了一些简单的模型反应的动力学，这些模型反应在一定程度上都与提出的机理有关（"机理动力学"）。这些方法都用到了与 Langmuir 等温方程有关的概念，Langmuir 等温方程描述了反应物在均一催化剂表面上的吸附过程，并解释了吸附态反应物的反应速率。在随后的章节中，我们将讨论这些机理在实际催化体系中的应用，并针对相关反应给出一些阅读方面的建议。

6.2 单分子反应

第 2 章介绍了 Langmuir 吸附等温线的推导过程［式（2.8）］，Langmuir 吸附等温方程描述了恒温下在均一表面上的气体分子 A 的吸附量与该气体的分压 p_A 的关系：

$$V_{ads}/V_m = \theta_A = b_A p_A/(1 + b_A p_A) \tag{6.1}$$

---

❶ 任何规则都有例外。例如，链反应的完整动力学表达式与催化反应的一样复杂。

式中，V_m 是表面单分子层的体积；覆盖度 θ_A 是 A 在表面的浓度。

考虑下面这个反应的速率：

$$A_{(g)} \longrightarrow P_{(g)} \tag{6.2}$$

下标（g）表示物质处于气相状态。假设一个机理：A 吸附于表面上转变为 A_{ads}，下标 ads 说明物质处于吸附态。然后我们假设，表面物种 A_{ads} 生成气体产物 $P_{(g)}$ 的速率是反应的速率控制步骤，这一速率比 A 在表面吸附和脱附的速率慢得多。所以我们认为反应的第一步实际上处于平衡态：

$$A_{(g)} \Longleftrightarrow A_{ads} \longrightarrow P_{(g)} \tag{6.3}$$

则总反应速率 r_A 与 A_{ads} 的浓度 θ_A 成正比，θ_A 由 Langmuir 等温线得出，为：

$$r_A = -dc_A/dt = k_T\theta_A = k_T b_A p_A/(1+b_A p_A) \tag{6.4}$$

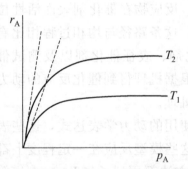

图 6.1　反应（2.3）的速率在温度为 T_1 和 T_2 时对 p_A 作图

式中，r_A 是 A 的消耗速率；k_T 是一定温度下的反应速率常数；b_A 是 A 的吸附常数。上 b_A 实际上是式（6.4）第一步的平衡常数。图 6.1 所示为在不同温度 T_1 和 $T_2(T_2 > T_1)$ 时，r_A 与 A 的分压 p_A 之间的关系。低压时，曲线近似于一条直线，其斜率为 $k_T b_A$；高压时，曲线与 p_A 轴趋于平行。换言之，低压下的数据符合一级反应的特点：

$$r_A = k_T b_A p_A \tag{6.5}$$

而高压下的数据接近于零级反应：

$$r_A = k_T \tag{6.6}$$

式（6.4）适用于上述两个极端状态之间的状态。正如我们将看到的，在一定分压范围内，式（6.4）可近似转化为：

$$r_A = k'_T p_A^n \tag{6.7}$$

式中，n 值介于 0 和 1 之间[❷]。

图 6.2 为式（6.4）的倒数曲线，即 $1/r_A$ 对 $1/p_A$ 的函数曲线（采用了图 6.1 的一组数据）。如图所示，k_T 和 b_A 的值可以根据曲线在两轴的截距（或一个截距以及斜率）计算得到。曲线可能会偏离直线，这是由于真实

---

❷　这等价于用 Freundlich 等温方程［方程式(2.10)］取代 Langmuir 等温方程来描述吸附平衡。

状态与理想状态间存在差异，如由于覆盖度 θ_A 随气压改变，A 与表面之间的键强度会发生变化❸。根据不同温度下的拟合曲线，能够计算出反应活化能 E_A 和反应物 A 的吸附热 ΔH_{ads}°（分别根据 $\ln k_T$ 和 $\ln b_A$ 对 $1/T$ 的函数曲线进行计算）❹。

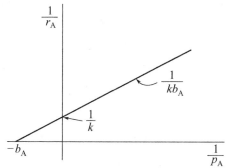

图 6.2　依据图 6.1 在某温度下的数据绘制的 $\frac{1}{r_A}$ 对 $\frac{1}{p_A}$ 曲线

任务 6.1

如果图 6.2 是温度 T_1 下的曲线，那么图 6.1 中另一条曲线的倒数曲线应该在图 6.2 中的什么位置？

> **拓展阅读 6.1　酶动力学**
>
> 酶也是一种催化剂，也有活性位点，但它的结构要复杂得多，有些类似多相催化剂。酶催化反应通常包含酶 E，底物 S（即反应物）和产物 P 的多步连续反应。
>
> • 酶-底物配合物的形成：
>
> $$E + S \longrightarrow ES \qquad\qquad 速率常数\ k_a$$

---

❸　这里使用的方法引入了简化假设，即吸附物种与气相物种处于平衡，且吸附和脱附速率比表面物种生成气相产物 $P_{(g)}$ 的速率要快。另一种建立速率表达式的更为严谨的方法，是利用稳态法得到等效的表达式，包括吸附和脱附的速率常数以及形成 $P_{(g)}$ 的速率常数。只要催化反应速率常数的数量级比吸附和脱附的小，通过这两种方法得到的结果就是相同的。

❹　若仅已知 k_T 和 b_A，可以通过两个联立方程解出 E_A 和 ΔH° 值。例如，E_A 值可以通过方程 $E_A = [2.303 R T_1 T_2 / (T_2 - T_1)](\log_{10} k_2 - \log_{10} k_1)$ 得出，其中 R 是气体常数。

- 逆反应：

$$ES \longrightarrow E + S \qquad\qquad 速率常数\ k'_a$$

- 单分子产物的形成以及酶的释放

$$ES \longrightarrow P + E \qquad\qquad 速率常数\ k_b$$

酶催化反应动力学通常用 Michaelis-Menton（米-曼氏）方程来描述：

$$P 的生成速率 = k_b[S][E_o]/([S] + K_M) \qquad\qquad (1)$$

式中，$[E_o]$ 是成键和未成键酶的总浓度；米氏常数 K_M 由下式得到：

$$K_M = (k'_a + k_b)/k_a \qquad\qquad (2)$$

这个方程是 Michaelis 和 Menton 在 1913 年提出的，他们按照前面多相催化所采用的方法，假设存在一个快速平衡反应；快速平衡情况下，$k'_a \gg k_b$，因此 $K_M = k'_a/k_a$。K_M 也就相当于 Langmuir 方法中的吸附常数 b_A。

值得注意的是采用 Michaelis-Menton 方程线性化的方法能得到图 6.2 中的曲线，该方法由 Lineweaver 和 Burk 提出，也就是 Lineweaver-Burk 曲线。有许多书籍专门研究酶促反应动力学以及抑制剂的影响等。在网站 http://www.wiley.com/college/pratt/0471393878/student/animations/enzyme _ kinetics/index.html/上可以找到一个关于酶促反应动力学的有趣的动画图。这些同样适用于上述讨论的多相催化反应。

另一个值得注意的情况是，J. J. Carberry 在其题为"Chemical and Catalytic Reaction Engineering"［由麦格劳•希尔出版社再版，纽约（1976），部分可从 http://books.google.com/books?id = ar JLaKa4yDQC & source/中获得］的书中提到，1902 年，V. C. R. Henri［Acad. Sci. Paris, 135（1902）916］率先推导出了上述的酶动力学速率表达式，也提到 Henri 推导了 Langmuir 等温方程，以及由此得到的速率方程。人们经常抱怨当代年轻科学家对早期文献不熟悉，这是因为他们使用的电子搜索工具的数据库很有限。即使在电子检索工具尚未出现的年代，某些原始文献也被当时相关领域的研究者熟知，但这些文献却逐渐被时间湮没。在 20 世纪初科学家之间的交流是一个很值得关注的命题。

我们之前假设在一个单分子反应［式(6.4)］中，只有分子 A 吸附于表面。但实际上产物 P 在脱附到气相前也可能会吸附于表面，且其吸附量不容忽视。从而可得到一个与吸附过程相应的脱附过程的平衡方程：

$$A_{(g)} \Longleftrightarrow A_{ads} \longrightarrow P_{ads} \Longleftrightarrow P_{(g)} \qquad\qquad (6.8)$$

修正后的包含产物 P 的吸附过程的反应速率表达式为：

$$r_A = -dc_A/dt = k_T\theta_A = k_T b_A p_A/(1 + b_A p_A + b_P p_P) \qquad (6.9)$$

式中，p_P 为反应混合物中产物气体的分压。现在遇到一个从未在简单均相基元反应中出现过的情况：即产物浓度对反应速率有影响。假如 P 的吸附比 A 的吸附强，且 $b_P p_P \gg (1 + b_A P_A)$，则方程式（6.9）简化为：

$$r_A = -dc_A/dt = k_T\theta_A = k_T b_A p_A/(b_P p_P) \qquad (6.10)$$

换言之，这个反应是 A 的 1 级反应，但是是 P 的 -1 级反应，产物 P 对这个反应来说是"毒物"[5]·[6]。

6.3 双分子反应——Langmuir-Hinshelwood 动力学

Cyril Hinshelwood 爵士（http://nobelprize.org/nobel _ prizes/chemistry/laureates/1956/hinshelwood-bio.html/）是一位英国化学家，以研究链式反应动力学而闻名。在首次出版于 1926 年的《化学变化的动力学》一书中，Hinshelwood 将 Langmuir 在 1921 的想法演变为现在大家熟知的 Langmuir-Hinshelwood 动力学[7]，来解释在多相催化剂表面的两个分子间的反应。首先我们来考虑以下催化反应：

$$A_{(g)} + B_{(g)} \longrightarrow C_{(g)} \qquad (6.11)$$

表面活性位点上 A_{ads} 和 B_{ads} 的覆盖率由吸附等温线得出：

$$\theta_A = b_A p_A/(1 + b_A p_A + b_B p_B) \qquad (6.12)$$

$$\theta_B = b_B p_B/(1 + b_B p_B + b_B p_B) \qquad (6.13)$$

假设 $A_{(g)}$ 与 $B_{(g)}$ 的反应速率由 A_{ads} 和 B_{ads} 的反应速率决定，A_{ads} 和 B_{ads} 的浓度用 θ_A 和 θ_B 表示，那么总反应速率可表示为：

$$r_A = -dc_A/dt = k_T\theta_A\theta_B = k_T b_A p_A b_B p_B/(1 + b_A p_A + b_B p_B)^2 \qquad (6.14)$$

---

❺ 在酶促反应动力学中被称为"产物抑制剂"。

❻ 抑制剂也可以被分别加入，但它们对动力学表达式的影响是一样的，即每种抑制剂 X 在分母中都有一项 $b_X p_X$。如果 X 被强烈吸附，反应就会被完全抑制。

❼ 一些关于该方法的美国文献常常提到 Hougen 和 Watson 的名字［O. A. Hougen, K. M. Watson, Chemical Process Principles, vol. Ⅲ, 威利出版社，纽约（1943）］；Carberry 详细概述了这种处理方法［Chemical and Catalytic Reaction Engineering, 克拉伦登出版社，牛津（1940）；威利出版社再版，纽约（1976）；见拓展阅读 6.1］。据 Carberry 所言，Hougen 和 Watson 提出的方法尽管形式上与 Langmuir-Hinshelwood 原理相似，但这种方法更加清晰，因为它体现出了催化剂位点、扩散和失活的影响。但在这里我们仅用 Langmuir-Hinshelwood 方法就足以满足当前的目的。

图 6.3 显示了假设的反应的速率式（6.14）与 A 的分压 p_A 的函数关系，其中 B 的分压 p_B 保持不变。在这种双分子反应中，速率出现最大值。此时 $\theta_A = \theta_B$，并且可以确定 b_A/b_B 的值（因为在此时 $b_A p_A = b_B p_B$）。由图 6.3 可知，当 p_B 升高时，曲线右移，同时，p_A 较小时速率减小，p_A 较大时速率增大。当 p_A 较小时，速率与 p_A 呈正比关系；当 p_A 较大时，速率与 p_A 呈反比关系。

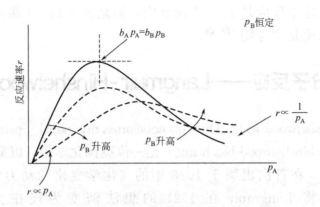

图 6.3 催化剂上 A 和 B 双分子的反应

在 p_B 恒定的条件下，由 Langmuir-Hinshelwood 模型得到的

p_A 与反应速率的函数曲线，图中显示了增加 p_B 的影响

假如 A 和 B 吸附作用都不够强，那么 $1 \gg b_A p_A + b_B p_B$，方程（6.14）可以简化为：

$$r_A = -\mathrm{d}c_A/\mathrm{d}t = +\mathrm{d}c_C/\mathrm{d}t = k_\mathrm{T} b_A p_A b_B p_B = k_\mathrm{T} p_A p_B \qquad (6.15)$$

换言之，速率方程可简化为一个二级速率表达式。

当其中一种反应物（A）吸附作用很强，而另一种反应物（B）比较弱时，方程可以简化为：

$$r_A = -\mathrm{d}c_A/\mathrm{d}t = +\mathrm{d}c_C/\mathrm{d}t = k_\mathrm{T} b_B p_B/(b_A p_A) = k_\mathrm{T}'' p_B/p_A \qquad (6.16)$$

如果反应生成物被大量吸附，或反应混合物中存在毒物，情况则更加复杂。这种情况下得出的表达式相当复杂，并且很难用合适的方法分析，在此不讨论这种情况。事实上，复杂的动力学数据可以用不同的机理来解释，并且只有利用第 5 章介绍的方法提供其他有力证据才能确定哪一种机理最合适。我们首先讨论另外两个与催化机理有密切关系的动力学表达式，然后再讨论其中一种或两种反应物在反应之前要在催化剂表面上解离的情况。

对于一个均相（没有催化）的一级气相反应，速率为 $-dc_A/dt = kc_A$，温度升高只对反应速率常数 k 有影响，应用 Arrhenius 方程可以直接求得反应速率控制步骤的活化能。然而，当处理如式(6.3) 和式(6.8) 中的非均相催化反应时，除了速率常数，相应的速率方程还包含受温度影响的吸附常数。如式(6.4)：

$$r_A = -dc_A/dt = k_T\theta_A = k_Tb_Ap_A/(1+b_Ap_A) \tag{6.4}$$

p_A 较低时，实际速率常数为 k_Tb_A；p_A 较高时则为 k_T。由于 b_A 实际上是一个包含吸附焓变 ΔH_a° 的平衡常数，因此温度对它的影响可通过 van't Hoff 等容线得出：

$$d(\ln b_A)/dt = \Delta H_a^\circ/(RT^2)$$

其积分形式为：

$$b_A = C\exp[-\Delta H_a^\circ/(RT^2)]$$

因此，在 p_A 较低时，反应表观活化能 E_{app} 是 $E_a + \Delta H_a^\circ$；当 p_A 较高时，表观活化能 E_a 就是"真正的"活化能。任务6.2 中给出了 p_A 恒定下 $\lg(r_A)$ 对 $1/T$ 的函数曲线。思考如何用该曲线确定 E_a 和 ΔH_a°？

任务6.2　方程式（6.4）的真实和表观活化能

下图是一个单分子催化反应的 Arrhenius 曲线。请解释曲线形状。

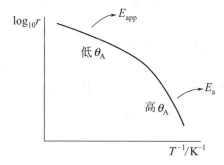

如图所示，图中的坐标轴没有标注任何数值。如果反应速率在低温段，如由 50℃ 升到 70℃ 时，增加了两倍，计算真实活化能 E_a 以及表面上 A 的吸附焓 ΔH_a°。

提示：你必须估算在高、低温区域两段曲线的斜率。

6.4 双分子反应——Eley-Rideal 动力学

Eley-Rideal 机理描述了一种气相反应物与另一种处于吸附态的反应物之间的双分子反应：

$$A_{(g)} + B_{(ads)} \longrightarrow P_{(g)} \tag{6.17}$$

1939 年[8]，Eley 和 Rideal 在研究金属表面氢化反应时，首先推测了这个机理，但现在该机理经常用于处理更复杂的情况。实质上，这个机理的基础是：一种反应物（例如 H）完全、有效地吸附于催化剂表面，另一种气相反应物（有可能是一种物理吸附态）$(D_{2(g)})$ 与之反应形成产物：

$$D_{2(g)} + H_{(ads)} \longrightarrow HD_{(g)} + D_{(ads)} \tag{6.18}$$

用 Langmuir 表达式表示 $B_{(ads)}$ 的浓度，用 p_A 表示 A 的浓度，建立动力学表达式：

$$r = -dp_A/dt = k_T p_A b_B p_B/(1 + b_B p_B) \tag{6.19}$$

值得注意的是，当 A 和 B 吸附于不同性质的表面时，也可以建立平衡方程，因此，可以用两个独立的 Langmuir 等温方程计算速率：

$$r = -dp_A/dt = k_T \theta_A \theta_B = k_T [b_A p_A/(1 + b_A p_A)] [b_B p_B/(1 + b_B p_B)] \tag{6.20}$$

当 $b_A p_A \ll 1$，即 A 的吸附作用非常微弱时，上式可以简化为方程式(6.19)。

6.5 Mars-van Krevelen 机理

第三种常见的重要的催化反应机理是 Mars-van Krevelen 机理。这个机理最早用来解释多孔硅胶负载的熔融 V/K 盐（钒/钾盐）催化剂上 SO_2 氧化的动力学，但后来常常用来描述烃的选择性氧化反应的动力学[9]。最近，它更多地被应用于许多其他类型的反应，如加氢脱硫反应和 NO_x 消除反应[10]。

---

[8] 当时 D. D. Eley 作为研究生，与 Eric Rideal 一起在剑桥研究金属表面邻对位氢交换。其机理也被命名为 Langmuir-Rideal 机理，因为早在 1921 年 Langmuir 就提出了该机理（http://www. answers. com/topic/langmuir-rideal-mechanism/）。

[9] P. Mars，D. W. van Krevelen. ，Chem. Eng. Sci. Spec. Suppl. ，3（1954），p.41.

[10] C. Doornkamp 和 V. Ponec 在 J. Molec. Catal. A：Chem. ，162（2000）19-32 上发表了一篇关于反应机理最近应用情况的优秀的综述。

Mars-van Krevelen 机理基于分子吸附于已被吸附的分子之上的观点[11]。现在推导一般情况下的方程，总反应式为：

$$A_{(g)} + B_{(g)} \longrightarrow C_{(g)} \tag{6.21}$$

假设上面的反应按照以下步骤进行，□代表催化剂表面的空位：

$$A_{(g)} + B_{(ads)} \longrightarrow A-B_{ads} \qquad \text{(a) A 在吸附态的 B 上吸附} \tag{6.22}$$

$$A-B_{ads} \longrightarrow C_{ads} \qquad \text{(b) 吸附态的复合物的反应}$$

$$C_{ads} \longrightarrow C_{(g)} + \square \qquad \text{(c) 产物 C 的脱附}$$

$$B_{(g)} + \square \longrightarrow B_{ads} \qquad \text{(d) B 的吸附}$$

B 的吸附［步骤(d)］之所以放在最后，是因为催化剂上的空位是在反应中产生的，而不是新催化剂提供的[12]。建立动力学关系时，如果假设 A 与吸附态 B 一相互作用就生成产物，那么步骤(a) 和步骤(b) 就可以合并。同时假设脱附步骤(c) 与化合反应或步骤(b) 相比是快速反应。再假设这个反应实际上只有两步，即 B 的吸附速率常数为 k_2 ［步骤(d)］以及空位和产物的形成（其他三个步骤的合并）：

$$A_{(g)} + B_{(ads)} \xrightarrow{k_1} C_{(g)} + \square \tag{e}$$

如果以 θ_B 表示表面上 B 的覆盖度，$\theta_\square$ 表示空位的比例（$\theta_B + \theta_\square = 1$），那么这两步的反应速率分别为：

$$r_1 = k_1 p_A \theta_B \text{ 和 } r_2 = k_2 p_B \theta_\square = k_2 p_B (1-\theta_B) \tag{6.23}$$

当反应稳定后，$r_1 = r_2$，可得

$$\theta_B = k_2 p_B / (k_1 p_A + k_2 p_B) \tag{6.24}$$

因此总反应速率为：

$$r = k_1 p_A \theta_B = k_1 k_2 p_A p_B / (k_1 p_A + k_2 p_B) \tag{6.25}[13]$$

上式可以被写成更简单的形式：

$$1/r = 1/(k_1 p_A) + 1/(k_2 p_B) \tag{6.26}[14]$$

---

[11] 原始推导的情况是 SO_2 吸附于已被吸附的氧原子之上。

[12] 在实践中，$B_{(g)}$ 经常是氧气，因此必须考虑氧分子的解离。

[13] 值得注意的是，假定两个分子的吸附都是强吸附（分母中的 1 可以忽略），但 A 与表面上的 B 不会发生明显反应，那么气相 $A_{(g)}$ 与含有 A_{ads} 和 B_{ads} 的表面发生反应的 Eley-Rideal 方程的形式就与 Mars-van Krevelen 方程［式(6.25)］非常相似。

[14] 这与由两个并联电阻求总电阻的方程相类似。该方程可以进一步扩展，比如可以加入代表气体分子扩散到表面（即外扩散）速率倒数的项。我们将在第 7 章中讨论外扩散限制。值得注意的是，不能简单加入一个内扩散的等效项，因为内扩散的表达式包含由化学动力学表达式得到的部分。

在两种特定条件下，下面两式成立：

$$当 k_1 \ll k_2 时，r = k_1 p_A \tag{6.27}$$

$$当 k_2 \ll k_1 时，r = k_2 p_B \tag{6.28}$$

Mars-van Krevelen 方程最常用于选择性氧化反应。在拓展阅读 6.3 中，以烃的选择性氧化为例进行了讨论。

∴ 拓展阅读 6.3 Mars-van Krevelen 机理在烃类的选择性氧化反应中的应用 ∴

假设这类反应分两步发生：

$$C_xH_y + O_{ads} \xrightarrow{k_1} 氧化产物 + \square \qquad （还原） \tag{1}$$

和

$$0.5O_2 + \square \xrightarrow{k_2} O_{ads} \qquad （氧化） \tag{2}$$

如正文中所推导的，催化剂表面的活性氧浓度由反应(1) 和反应(2) 的相对速率决定。我们可以简单地假设[*] 烃类（HC）的选择性氧化生成（选择性）氧化产物只需要一个氧原子，且不存在平行的非选择性氧化反应生成 H_2O 和 CO_2 的过程。

按照正文中的讨论，[此处步骤(2) 的速率表示为 $k_2 p_{O_2}^{1/2}(1 - \theta_O)$，$\theta_O$ 是氧在表面的覆盖度]，可以得到：

$$r = k_1 k_2 [HC] p_{O_2}^{1/2} / \{ k_1[HC] + k_2 p_{O_2}^{1/2} \} = 1 / \{ 1/(k_1[HC]) + 1/(k_2 p_{O_2}^{1/2}) \} \tag{3}$$

或

$$1/r = 1/(k_1[HC]) + 1/(k_2 p_{O_2}^{1/2}) \tag{4}$$

和前面一样，也有两个极限情况：

$$r_{red} = k_1 p_{HC} \tag{5}$$

以及

$$r_{ox} = k_2 p_{O_2}^{1/2} \tag{6}$$

以烃在 V_2O_5 催化剂上氧化为例，催化剂的活性取决于以下氧化/还原循环：

$$V^{5+} + e \Longleftrightarrow V^{4+} \tag{7}$$

方程式(5) 适用于表面活性位点全部是氧化态（V^{5+}）的情况，而方程式(6) 则适用于活性位点全部是还原态（V^{4+}）的情况。

---

[*] 最近 Vannice 评论了传统的推导 [Catal. Today, 123 (2007) 18-22]，他认为尽管氧化还原模型可能适用，但只有当分子氧吸附在单一位点时才能用该数学方法处理。他认为氧化还原模型最好用 Langmuir-Hinshelwood 或 Hougen-Watson 方法来表述。同上所述，只要步骤（2）不是一个基元步骤，而是先吸附氧再分解氧，从而吸附在两个不同的活性位上，上述方法就可行。接下来，我们将讨论吸附物种发生解离时的动力学表达式。

6.6 反应动力学表达式的实例

6.6.1 Langmuir 方程及压力函数

下面将讨论一些根据实际反应建立的动力学表达式。在上文提到的三种机理中，我们只考虑了抽象分子——A、B、HC 等。现在我们将讨论如果参与反应的一种或多种分子发生解离吸附，应如何修正动力学方程。首先以合成氨反应的动力学为例。

首先进行简单的回顾。在第 2 章中，我们讨论了用 Langmuir 方法为氢气和甲烷（相当于—CH$_3$ 基团）等分子的解离吸附所建立的方程，并获得了这两个分子的等温方程：

$$\theta_H = c_H p_{H_2}^{0.5} / (1 + c_H p_{H_2}^{0.5}) \tag{2.11}$$

中间物种覆盖度简化为：

$$\theta_H = c_H^n p_{H_2}^n \tag{2.12}$$

以及

$$\theta_{CH_3} = k p_{CH_4} / p_{H_2}^{0.5} / (1 + k p_{CH_4} / p_{H_2}^{0.5}) \tag{2.14}$$

进一步简化为：

$$\theta_{CH_3} = k' (p_{CH_4} / p_{H_2}^{0.5})^n \tag{2.15}$$

其中 $0 < n < 1$。

同样可以为其他解离吸附的物质建立相似的幂函数表达式（见拓展阅读 6.4）。如果我们认为反应中有 CH$_{3(ads)}$ 或 H$_{(ads)}$ 等解离物种产生，那么就能用这些表达式建立以反应机理为基础的动力学表达式，即使这些表达式可能被认为是半经验速率表达式。接下来将介绍几个文献中详细说明的动力学研究实例，在这些文献中，这些关系被用来建立机理动力学速率公式。读者可以阅读接下来的几个实例，检索文献上的其他实例。

拓展阅读 6.4 压力函数

假如我们想为 C$_2$H$_{5(ads)}$（乙烷吸附于均一表面的产物）建立 Langmuir 吸附表达式，应考虑以下平衡反应：

$$C_2H_{6(g)} \Longrightarrow C_2H_{5(g)} + 1/2 H_{2(g)} \tag{1}$$

得到表达式：

$$K_{C_2H_5} = p_{C_2H_5} p_{H_2}^{0.5} / p_{C_2H_6} \tag{2}$$

因此，可得：

$$p_{C_2H_5} = k_{C_2H_5} p_{C_2H_6} / p_{H_2}^{0.5} \tag{3}$$

这就是"压力函数"，式(3)可以代入 Langmuir 吸附等温方程，得到一个适用于 C_2H_5 物种[*] 的吸附等温方程：

$$\begin{aligned}
\theta_{C_2H_5} &= b_{C_2H_5} p_{C_2H_5} / (1 + b_{C_2H_5} p_{C_2H_5}) \\
&= b_{C_2H_5} k_{C_2H_5} p_{C_2H_6} / p_{H_2}^{0.5} / (1 + b_{C_2H_5} k_{C_2H_5} p_{C_2H_6} / p_{H_2}^{0.5}) \\
&= c p_{C_2H_6} / p_{H_2}^{0.5} / (1 + c p_{C_2H_6} / p_{H_2}^{0.5})
\end{aligned} \tag{4}$$

其中常数 c 是平衡常数与吸附常数的合并项。对于中等覆盖度，方程式(4)可以进一步简化为一个幂函数表达式：

$$\theta_{C_2H_5} = c' p_{C_2H_6}^n / p_{H_2}^{n/2}$$

这种处理的前提是假设只有 C_2H_5 大量吸附于表面，并且吸附的 C_2H_5 处于平衡态。在相似的假设条件下，其他的物质也可以建立相似的表达式。下面介绍一种已经用于合成氨的动力学的方法。

---

[*]   见 C. Kemball，Thermodynamic factors in adsorption and catalysis: equilibria in the adsorbed phase，Disc. Faraday Soc.，41 (1966) 190。

6.6.2　合成氨

第 1 章中详细地讨论了用 Haber-Bosch 工艺催化合成氨的重要性，从中我们了解了该反应的可行性、所用催化剂的发展以及催化工艺的发展，这些都是现代催化剂应用的重要里程碑。合成氨按照以下反应进行：

$$N_{2(g)} + 3H_{2(g)} \Longrightarrow 2NH_{3(g)} \tag{6.29}$$

正如第 7 章中即将介绍的一样，这个反应受热力学制约，当转化率达到一定程度时，其逆反应也会达到一个相当的程度。关于合成氨的动力学的文章很多，其中许多文章都充分考虑到了该反应的逆反应和正反应。这里我们只详细地考察正反应，感兴趣的读者可以翻阅其他教科书[15]，全面了解

---

[15]   参见 J. M. Thomas，W. J. Thomas，Introduction to the Principles of Heterogeneous Catalysis，Academic Press，London and New York（1967），或 C. H. Bartholomew，R. J. Farrauto，Fundamentals of Industrial Catalytic Processes，2nd Edition，Wiley Interscience，New Jersey，2006 中给出的例子。

反应的更多细节，如用于多步反应的化学计量数等。

现在我们来考察正反应表达式的推导，以解释这个反应在转化率极低时在铁催化剂表面的动力学。这个表达式基于 Elovich 方程（该方程中，表面吸附能随覆盖度发生变化），最初由 Temkin 和 Pyzhev 提出［Acta Physicochim. USSR，12（1940）3270］，后来由 Ozaki 等人根据 Langmuir 方法在均一表面的假设下进行了修正［Proc. Royal Soc. A，258（1960）47］。与 Temkin 和 Pyzhev 的早期方法一样，这些作者假设这个合成反应的速率控制步骤是氮在催化剂表面的解离吸附：

$$r = k_a p_{N_2} (1 - \theta_N)^2 \tag{6.30}$$

θ_N 的值由 Langmuir 等温方程给出：

$$\theta_N = b p_N^* / (1 + b p_N^*) \tag{6.31}$$

式中，p_N^* 是氮原子的有效分压（有时被称作氮原子的"实际气压"[16]），与吸附的氮原子平衡。这个实际分压不能直接测量，所以假设以下方程处于平衡，通过计算得出：

$$N_{(g)}^* + 1.5 H_{2(g)} \Longleftrightarrow NH_{3(g)} \tag{6.32}$$

其平衡常数为：

$$K_N^* = p_{NH_3} / (p_N^* p_{H_2}^{1.5}) \tag{6.33}$$

将方程式（6.33）代入方程式（6.31），得：

$$\theta_N = K p_{NH_3} / p_{H_2}^{1.5} / (1 + K p_{NH_3} / p_{H_2}^{1.5}) \tag{6.34}$$

其中 $K = b / K_N^*$。

将方程式（6.34）代入方程式（6.30），进行简单的运算（建议你做一下！）后，得到：

$$r = k' p_{N_2} / (1 + K p_{NH_3} / p_{H_2}^{1.5})^2 \tag{6.35}$$

这个方程可以近似简化为：

$$r = k_a p_{N_2} (p_{H_2}^{1.5} / p_{NH_3}^2)^n$$

其中 $0 < n < 1$，它合理描述了氮在低转化率生成氨时的动力学。在转化率稍高时，逆反应的速率变得不容忽视，与上面一样，不得不加入与逆反应有关的项。涉及正逆反应速率的完整 Temkin-Pyzhev 方程为：

$$r = k' p_{N_2} (p_{H_2}^3 / p_{NH_3}^2)^m - k'' \{ p_{NH_3}^2 / p_{H_2}^3 \}^{(1-m)} \tag{6.36}$$

必须注意的是，当 $r = 0$ 时，反应处于平衡态，那么

$$k' p_{N_2} (p_{H_2}^3 / p_{NH_3}^2)^m = k'' \{ p_{NH_3}^2 / p_{H_2}^3 \}^{(1-m)} \tag{6.37}$$

---

[16]　实际气压等价于拓展阅读 6.4 中的压力函数。

或者

$$k'/k'' = p_{NH_3}^2/(p_{N_2} p_{H_2}^3) = K_{eq} \tag{6.38}$$

拓展阅读 6.5　氨分解

研究氨分解反应比氨合成反应容易得多，因为在一定的高温下，氨分解反应可被视为不可逆反应。并且，不需要在高压条件下研究，因此可以更直观地解释所测量的动力学数据。不过，如果反应机理没有随着温度变化发生明显变化，那么由分解反应确定的动力学参数应该与正反应（合成反应）直接相关。这个特点在筛选催化剂时特别有用。值得注意的是，最近人们对此又有了新的兴趣点，即将催化分解氨得到的清洁氢气应用于燃料电池。

任务 6.3

假设两个氮原子的结合是氨分解反应的速率控制步骤，请用上面的方法，推导氨在金属催化剂上分解的总的动力学速率表达式。

任务 6.4

查阅最近有关氨合成与分解机理的文献。在 Scopus 上搜索 J. A. Dumesic，A. A. Trevino，J. Catal.，116（1989）119，从中查阅更多最新引用的文献，尤其是综述。

6.6.3　乙烷氢解

文献中已经报道了许多有关烃在金属催化剂上转化反应的机理，包括非负载型（如金属膜）和负载型的金属催化剂。这些工作涉及多个反应，如加氢、氢解、异构、裂化/加氢裂化等反应（见第 8 章）。这些反应的共同点是烃吸附在洁净的金属表面，包括第一步 C—H 键的断裂以及烃基与氢原子在金属表面的吸附。下面将讨论由 J. H. Sinfelt 为乙烷氢解制乙烯反应建立的模型。他的分析基于以下发生在金属表面的反应：

$$C_2H_{6(g)} \Longleftarrow C_2H_{5(ads)} + H_{(ads)} \qquad (\text{i})$$

$$C_2H_{5(ads)} + H_{(ads)} \Longleftarrow C_2H_{x(ads)} + \alpha H_{2(g)} \qquad (\text{ii}) \qquad (6.39)$$

$$C_2H_{x(ads)} \longrightarrow C_{1(ads)} \text{ 片段}[+H_{(ads)} \longrightarrow CH_{4(g)}](\text{iii})$$

乙烷分子的吸附过程如下：首先 C—H 键断裂，形成 $C_2H_{5(ads)}$，之后迅速脱氢转化成 $C_2H_{x(ads)}$；因此，$C_2H_{x(ads)}$ 与气相乙烷处于平衡态。系数 α 等于 $(6-x)/2$。Sinfelt 认为催化剂表面只存在一定浓度的 $C_2H_{x(ads)}$，并缓慢转变成部分吸附态的 $C_{1(ads)}$ 片段（过程 iii），这些物质继而与吸附的氢迅速互相作用，生成气态 CH_4。

$C_2H_{x(ads)}$ 的表面覆盖度 θ_x 则可以表示为式(6.40)：

$$\theta_x = (Kp_E/p_{H_2}^{\alpha})/(1+Kp_E/p_{H_2}^{\alpha}) \qquad (6.40)$$

如果进一步简化为中等程度覆盖度范围的表达式，则

$$\theta_x = (Kp_E/p_{H_2}^{\alpha})^n \qquad (6.41)$$

与前面一样，其中 $0<n<1$。

由步骤 (6.39)（iii）则得到氢解生成甲烷的速率：

$$r = k_{iii}\theta_x = k_{iii}K^n(p_E/p_{H_2}^{\alpha})^n = kp_E^n/p_{H_2}^{(-n\alpha)} \qquad (6.42)$$

Sinfelt 之前发表了[17]乙烷在氧化硅负载的各种金属催化剂上氢解的动力学数据，他用式(6.42)关联了这些数据，结果见表 6.1。

表 6.1　乙烷氢解动力学。氢压对各种金属催化剂的影响 [J. Catal.，3 (1969) 175]

催化剂	温度/℃	x	α	速率实验得到的幂指数		公式计算的幂指数
				乙烷(n)	氢(m)	氢($-n\alpha$)
Co	219	4	1	1.0	−0.8	−1.0
Ni	177	2	2	1.0	−2.4	−2.0
Ru	188	2	2	0.8	−1.3	−1.6
Rh	214	0	3	0.8	−2.2	−2.4
Pd	354	0	3	0.9	−2.5	−2.7
Os	152	2	2	0.6	−1.2	−1.6
Ir	210	2	2	0.7	−1.6	−1.4
Pt	357	0	3	0.9	−2.5	−2.7

注：出版得到 Elsevier 公司许可。

如表 6.1 所示，x 表示解离前与表面上 C_2 缔合的氢原子个数。可以看出，Co 催化剂的 x 值最高，Pd 和 Pt 催化剂去除了吸附物质中全部的氢原子。表 6.1 同样列出了每种金属催化剂上乙烷（n）和氢（m）的实

[17]　J. H. Sinfelt, Catal. Rev.，3 (1969) 175.

验幂指数，以及氢（$-n\alpha$）的计算幂指数。实验得出的值与理论上的值非常接近，说明该模型非常适用于这种条件[18]。

任务 6.5

在 Scopus 或 SCI 上检索引用了上面 Sinfelt 文章的文献（见脚注[17]），尤其要关注 Rostrup Nielsen 和 Alstrop 的关于氢解与水蒸气重整之间关系的文章，继而关注 Topsøe 实验室对硫和金对水蒸气重整反应影响的研究。

6.6.4　甲烷化

CO 的甲烷化在 1980 年左右备受瞩目，并且也是 1982 年上半年 15 个"研究前沿"之一[19]。这主要是由于当时的天然气短缺，尤其在美国北部这种情况更为严重，那时人们对用煤气化生成合成的天然气重新产生了兴趣[20]。那段时期发表了许多关于这一反应的文章，讨论的问题涉及从反应机理到产业化运作等各个领域。在第 7 章我们将讨论如何操作该反应的生产装置，本节只关注这个反应的动力学。

1975 年，Vannice 发表了两篇文章[21]，其中介绍了在一系列主族金属上进行甲烷化反应的动力学数据，并将这些数据代入动力学表达式：

$$r = k p_{H_2}^x p_{CO}^y \tag{6.43}$$

他假设反应的速率控制步骤是表面吸附的氢原子与 CHOH 的相互作用，由此得出等效理论方程：

$$CHOH_{(ads)} + y/2 H_{2(ads)} \longrightarrow CHy_{(ads)} + H_2O_{(g)} \tag{6.44}$$

Ollis 和 Vannice 随后基于这个速率控制步骤［方程式(6.44)］报道

---

[18]　在上述引用的 Sinfelt 论文中，他继续讨论了较高温度下进行氢解反应的影响，并指出速率受氢分压的影响实际是受温度的影响。

[19]　E. Garfield，Current Contents（Physical and Chemical Sciences），22（1982）5.

[20]　有关甲烷化和蒸汽重整的综述，读者可以参考以下内容：J. R. H. Ross，Metal catalysed methanation and steam reforming，Catalysis，7（1985），1-45；Special Periodical Reports，Royal Society of Chemistry.（Available for download from www.rsc.org/ebooks/archive/free/.../CL9780851865843-00001.pdf/）.

[21]　M. A. Vannice，The catalytic synthesis of hydrocarbons from H_2/CO mixtures over the group Ⅷ metals，Parts 1 and 2，J. Catal.，37（1975）449e461 and 462-473.

了一个更合理的处理方法[22]，他们为 $CHOH_{(ads)}$ 推导出了一个 Langmuir 表达式：

$$\theta_{CHOH} = K p_{H_2} p_{CO}/(1 + K p_{H_2} p_{CO}) \tag{6.45}$$

近似为：
$$\theta_{CHOH} = (K p_{H_2} p_{CO})^n \tag{6.46}$$

和前述推导式一样，$0 < n < 1$。他们的理论方程有以下形式：

$$r = k [p_{H_2} p_{CO}(p_{H_2}/p_{CO})^{y/2}]^{1/2} \tag{6.47}$$

式中，k 是几个常数的合并项；y 是速率控制步骤［方程式(6.44)］中氢原子的个数。

后来对甲烷化反应的研究清晰地表明，这个反应不是通过 $CHOH_{(ads)}$ 进行的，而是通过 CO 解离吸附得到的吸附 C 原子进行的。笔者基于以下平衡态的假设为甲烷化反应的动力学推导了表达式[23]：

$$CO_{(g)} \rightleftharpoons CO_{(ads)} \qquad (ⅰ)$$
$$CO_{(ads)} \rightleftharpoons C_{(ads)} + O_{(ads)} \qquad (ⅱ)$$
$$H_{2(g)} \rightleftharpoons 2H_{(ads)} \qquad (ⅲ) \tag{6.48}$$
$$2H_{(ads)} + O_{(ads)} \rightleftharpoons H_2O_{(g)} \qquad (ⅳ)$$

速率控制步骤是：

$$C_{(ads)} + yH_{(ads)} \longrightarrow CH_{y(ads)} \qquad (ⅴ)$$

然后 $CH_{y(ads)}$ 迅速地与更多的氢结合，生成的甲烷被脱附。

最终速率表达式为：

$$r = k \frac{p_{CO} p_{H_2}^{(1+y/2)}/p_{H_2O}}{(1 + b_c p_{CO} p_{H_2}/p_{H_2O})^{1+y}} \tag{6.49}$$

式中，b_c 为与温度相关的吸附系数。方程式(6.49)的分子分母分别乘以 $p_{CO}^y p_{H_2}^{y/2} p_{H_2O}^{-y}$，得到：

$$r \propto k \frac{(p_{CO}^{(1+y)} p_{H_2}^{(1+y)}/p_{H_2O}^{(1+y)}) p_{H_2O}^y}{(1 + b_c p_{CO} p_{H_2}/p_{H_2O})^{1+y} \times p_{CO}^y p_{H_2}^{y/2}} \tag{6.50}$$

按照前文那样进行近似，最终方程为：

$$r \propto p_{CO}^{[n+y(n-1)]} p_{H_2}^{[n+y(n-1/2)]} p_{H_2O}^{-[n+y(1-n)]}$$

这个表达式与 Ollis 和 Vannice 得出的表达式的明显差异在于包含了水的分压项。然而，目前还没有关于水蒸气对甲烷化反应的动力学影响的

---

[22]　D. F. Ollis, M. A. Vannice, J. Catal., 38 (1975) 514.

[23]　J. R. H. Ross, A modified kinetic expression for the methanation of carbon monoxide over Group Ⅷ metal catalysts, J. Catal., 71 (1981) 205.

文章；当时的一些研究工作采用微天平系统对出口气体进行分析，强有力地支持了这个动力学表达式[24]，但由于无法控制好水的分压，进而无法得到准确的结果。

任务 6.6

R. Z. C. van Meerten 等人 [Appl. Catal.，3 (1982) 29] 对 Ni/SiO₂ 催化剂上甲烷化的动力学进行了细致研究。研读该文章的结果并讨论其提出的模型。

在 Scopus 或 SCI 上检索这篇文章，以及最近引用这篇文献的文章，特别关注以 J. Rostrup Nielsen 作为共同作者的文章。

---

❷❹ B. Höhlein，R. Menzer，J. R. H. Ross，J. Sarkar，unpublished results.

第 **7** 章

大型催化反应器

本章要点

7.1 引言

在第5章，我们介绍了实验室催化反应器的类型。在实验室研究中，通常使用小催化剂颗粒，且反应条件都要求避免扩散的影响。随着反应器尺寸的增大，常使用更大尺寸的催化剂（见下文），这时就不能忽略传质和传热的影响。本书不对工业催化反应器的设计和操作进行详细说明，仅讨论受传质限制的大型反应器对动力学测量的局限并简要讨论一些更重要的反应器，尤其是在接近热力学平衡状态操作的相关反应的反应器。我们首先简要讨论工业规模反应器所需要的催化剂的形式，然后依次讨论外扩散和内扩散的相关问题。我们还会考察一些催化反应器的实例，尤其是受传热传质影响的反应器。并将介绍如何将前面章节中提到的理论应用于实践。

7.2 催化剂的形状

图7.1所示为商用反应器中典型的催化剂颗粒形状，这些都是将适量粉末通过造粒，即压片、挤条等技术制得的。目的是制成有足够强度且表面积较大的颗粒，以便它们在反应器中不易破碎，尤其在装料的过程中，因为破裂会导致产生高压降。催化剂必须有长的使用寿命（通常需要多年的连续运行），有良好的抗中毒和抗烧结性能。但最重要的是，几乎所有的催化剂颗粒都要有足够的孔道，能使反应物扩散到催化活性表面并能使产物离开催化活性表面。

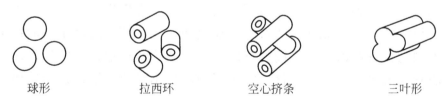

球形　　　　拉西环　　　　空心挤条　　　　三叶形

图 7.1　工业规模反应器中典型的催化剂颗粒形状

7.2.1 压片

在此我们仅讨论催化剂的压片和挤条两种成型形式。压片过程与制造药片的过程相似：在圆柱腔里加入适量粉末❶，再用活塞在上下两边同时

---

❶　压片过程可以单独用于催化剂载体或者用于最后的成型；本例仅讨论了载体的压片，第4章4.4节讨论了用浸渍法将活性组分负载到载体上。

施压，成型的片再从腔内被顶出，不断重复该过程，就制得更多催化剂片。工业上该过程完全自动化，典型的压片机含有多个空腔，活塞分布在圆盘周围，如图 7.2 所示。为了保证粉末流动通畅，通常会在压片前或在粉末加入到模具时，在粉末中加入润滑剂，这些添加剂包括硬脂酸酯甚至是石墨等表面活性剂。为了增加成型的片的强度，有时也会加入其他材料。之后再通过反复"焙烧"去除材料中所添加的润滑剂。一般来说，催化剂片的强度随压片过程中压力的增加而增大：催化剂颗粒间形成的接触面随受压时间和压力强度的增加而增大。煅烧也能增加压片的强度，特别是前驱体粉末如果没有被煅烧，效果会更加明显。

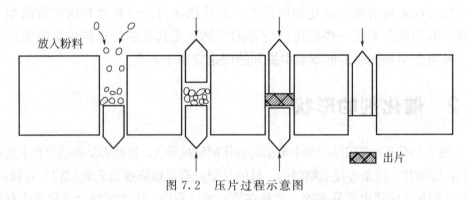

图 7.2　压片过程示意图

7.2.2　挤出成型

挤出成型类似挤牙膏或者是用绞肉机绞肉（见图 7.3）的过程：在漏斗中加入所需材料的浆料，然后用螺旋形的中心螺杆进行挤压，使物料通过特定形状的出口。此外，还可以添加表面活性剂等来改善浆料的挤出性能。不同的模具可以制成不同的挤压形状，如拉西环形，三叶形，丝带形和实心圆柱形等。成型后，挤出物还必须经过小心地干燥，之后焙烧以提高其强度。

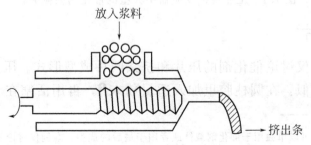

图 7.3　挤条过程示意图

在第4章（4.4节），我们讨论了在α-Al₂O₃孔内制备水滑石前驱体以及高温下氧化铝的形态（见图4.3）。α-Al₂O₃一般是致密的陶瓷材料，具有很低的比表面积（≪1m²/g）并且很少用作催化剂载体。为了制得 Ni/Al/La 材料，我们用挤出法制得 α-Al₂O₃基体，其中的大孔是通过向膏状物料中掺入所需尺寸的有机纤维构建的，将膏状物料从空心面条式的管状出口挤出成型。然后，将这些条形物按所需长度进行切割，再高温煅烧，去除有机纤维并形成 α-Al₂O₃基体，如果将之掺入水滑石相 [Ni₆(Al+La)₂(OH)₁₆CO₃·4H₂O]，经过煅烧和还原，即可得到提高了活性的 Ni 催化剂。

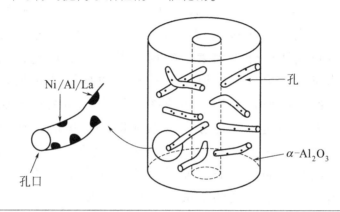

7.3　传质在催化反应中的重要性[❷]

掌握了合适的催化剂配方，制得了高强度的催化剂形状之后，我们还需要了解传质限制如何在具有一定形状的真正的反应器中影响催化剂的性能。正如第4章所讨论的（见图4.1），当反应物分子进入反应器时，一定先向催化剂颗粒的外表面扩散，然后再进入孔中，穿过它并扩散到活性位点。大多数情况下，一旦反应物在活性位上与另一个扩散到这些活性位上的反应物反应，那么产物分子就要通过逆向路径离开。在催化剂颗粒的外部，反应物和产物遵循标准的气体扩散规律，在此我们称之为"外扩散"。一旦进入孔内，只要孔的尺寸相对狭窄，分子移动就会遵循努森扩

---

❷　以下章节中的部分材料选自作者在 Twente（NL）大学工作时的讲义。这些多年积累的讲义包含了 H. Bosch，P. J. Gellings，P. Mars，J. G. van Ommen，J. Sonnemans 以及作者本人的工作。

散（Knudsen diffusion），换句话说，分子与孔壁碰撞和与其他分子碰撞同样重要，我们称之为"内扩散"。这两种扩散在催化剂的实际应用中都很重要，我们将在这里依次讨论，一些人对这一领域的基本原理更感兴趣，我们也将重点关注对他们来说最为重要的问题。

7.3.1　外扩散

在设计任何一种催化反应器时，无论反应器大小，都必须要考虑一个重要参数，即反应物和产物气体通过反应器时的线性流速。当气流经过颗粒边界时，会紧贴颗粒形成一个静态气体分子层，并逐步过渡到自由流动气相。图7.4是球形颗粒的图示（不规则颗粒稍有不同，但仍有自由流动相包围的静态层）。边界层的厚度取决于表面流动气体的压力和气体成分等因素。然而，就目前的讨论而言，最重要的参数是气体速率：边界层的厚度以及穿过边界层的扩散速率与气体速率成反比。换句话说，如果气体速率足够高，那么扩散到发生反应的催化剂粒子表层的速率也足够高，以确保气相里的反应物和产物浓度与催化剂表面上的相同或接近，在这种情况下，"外扩散"对于测量的反应速率没有影响。然而，如果气体流速太低，边界层的厚度会显得比较突出，穿过边界层的扩散速率将会影响观测的反应速率。穿过边界层的扩散速率可表示为：

$$R_{ext} = k_m (c_g - c_s) \tag{7.1}$$

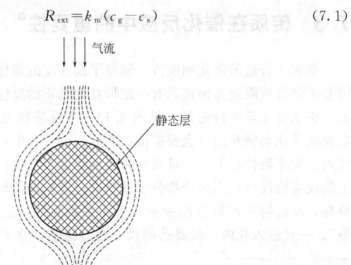

图 7.4　气流中球形颗粒周围的边界层

式中，c_g 是气相中的气体的浓度；c_s 是催化剂表面上方的气体浓度；k_m 是传质系数。在后面我们将会看到，通过函数 c_s 可得到表面反应速率。k_m 的值由气体混合物的物理性能和气体的流动条件决定，同时也取决于无量纲的 Schmidt（Sc）、Reynolds（Re）以及 Sherwood（Sh）数。大多数情况下这些参数都是已知的，因此可以计算出 k_m 的值。拓展阅读 7.2 列举了一些反应实例，体现了外扩散的重要作用。

 拓展阅读7.2 外扩散限制实例

在气固体系的催化反应中，一般仅在高温时，外扩散才会在反应中起到重要作用，例如在少量由直径约 0.15mm Pt/Rh 线制成的网上进行的氨氧化反应（气氛中含有 10% 的氨）。该反应发生在 800℃，气体以大约 5m/s 的速率通过金属网。转化率约为 98%，速率完全由反应物分子与金属线表面碰撞的速率控制。

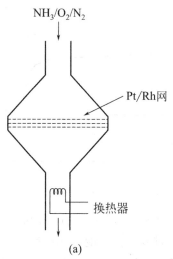

NH$_3$/O$_2$/N$_2$

Pt/Rh网

换热器

(a)

图（a）给出了氨氧化反应的装置。由于反应大量放热，在该装置的催化剂网下装有换热器，用于回收废热。实际上，在较低温度段还有一套网也位于工作网下方，通过冷凝的方式将挥发的 Pt 收集起来。

甲醇氧化制甲醛（http://en.wikipedia.org/wiki/Formaldehyde/）反应有两步，其中一步的反应装置也有类似情况发生，其中的催化剂含有厚约 1cm 的银微晶床层，该床层位于合适的网格之上。这个强放热反应是自发的，在 500～900℃ 之间操作，甲醇的转化率达到 99%，甲醛的选择性达到 90%。催化剂寿命与原料纯度有关，最长能达到 8 个月，并且可以通过电解再生（L. Lefferts, PhD Thesis, U. Twente, 1987）。

另一个完全不同的传质限制的例子是在镍基催化剂上，在大约 180℃ 时发生的有机物（油或其他不饱和分子）的加氢，该反应发生在气/液/固三相体系。图(b) 给出了该反应体系的图示。

右边是催化剂颗粒（悬浮在液体中并将被氢化），左边是气泡。两个界面之间（气/液和液/固）以及液体本身中都存在对氢气扩散的阻碍（催化剂颗粒间存在浓度梯度，接下来将会对此进行讨论）。这种状况可以通过快速搅拌得到明显改善，使得气泡变得尽可能小（这就增加了气/液界面面积），从而缩短在液体中的扩散距离。搅拌也会减小液/固界面间的浓度梯度。

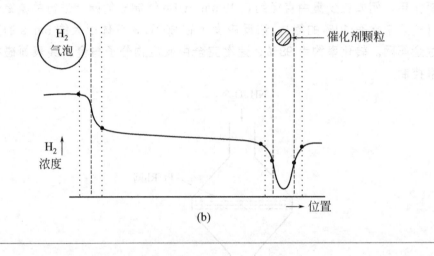

(b)

实际上，在为给定的催化装置设计一系列实验时，实验者应该检查在选定的条件下是否存在外部扩散限制。这需要进行一系列的催化反应的测量，测量时保持其他反应条件不变，只改变线性气体速率，也就是说，停留时间（或是 W/F）、温度和总床尺寸必须保持不变。因此，实际上，随着添加适量的稀释剂，W 减少，以保持反应床层尺寸不变，改变 F 以保证 W/F 保持不变。图 7.5 所示为典型的测量结果示意图，显示了在两种恒定的 W/F 值下流体速率和转化率之间的关系（它同时也代表了两种不同温度的效果）。很明显只要流动速率超过一定值后（也就是此处的直线部分流速）转化率就不受其影响，因此在这些情况下外部扩散是不重要的。但实际上，由于实际反应装置中的流速范围和催化剂重量受到限制，因此这样的测量很难实现。

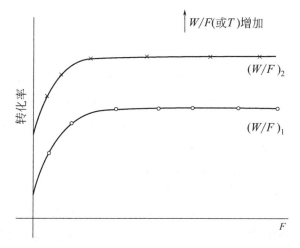

图 7.5　两种恒定的 W/F 数值下，转化率-流速 F 曲线
由于 W 改变，故加入稀释剂以保持床层体积不变。若该
实验在两种不同的温度下进行，也会得到类似结果

任务 7.1　外扩散

　　怎样通过其他实验方法证明反应不受外扩散影响？

　　答案：在保持 W 和 F 恒定的情况下改变反应器尺寸，在不改变 W/F 值的情况下，是有可能改变线速度的。例如，当反应器直径是原来的两倍时，线速度（与反应器横截面积成反比）就会变为原来的 1/4。如果转化率没有改变，就能说明无外扩散影响。

7.3.2　内扩散

　　在第 4 章（见图 4.1），我们指出了在流入和流出催化剂孔道时反应物和产物扩散的重要性。如果孔扩散较慢（也就是存在内部扩散限制），将影响反应的表观速率。如果催化反应：

$$A+B+\cdots \longrightarrow P+Q+\cdots \tag{7.2}$$

在没有任何扩散影响时的催化反应速率方程为：

$$r=k_T fn(c_A, c_B\cdots c_P, c_Q\cdots) \tag{7.3}$$

　　式中，$fn(c_A, c_B\cdots c_P, c_Q\cdots)$ 是涉及的反应物和产物的浓度函数（见第 6 章）；反应速率常数 k_T 仅仅取决于反应温度。k_T 取决于温度的方程为：

$$k_T = A\exp[-E_a/(RT)] \tag{7.4}$$

式中，A 是 Arrhenius 常数。

图 7.6 中的黑色实线是 $\ln k_T$ 对 $1/T$ 作图得出的斜率为 $-E_a/R$ 的直线。然而，如果催化剂颗粒的孔内扩散限制（如图 4.1 所示）对反应的表观速率有影响，那么 $\ln k_T$ 对 $1/T$ 的曲线将会偏离理想直线（如图 7.6 中灰线所示）。对理想行为的偏离程度由效率因子（η）给出，定义为式(7.5)：

$$\eta = \frac{\text{观测的反应速率}}{\text{无内部浓度梯度的反应速率}} = \frac{r_{\text{obs}}(c, T)}{r_{\text{chem}}(c_s, T_s)} \tag{7.5}$$

式中，$r_{\text{obs}}(c, T)$ 是任何浓度和温度下观测到的反应速率（整个催化剂颗粒反应速率的平均值）；$r_{\text{chem}}(c_s, T_s)$ 是表面温度和浓度下颗粒表面的反应速率，也就是没有扩散限制时的反应速率。

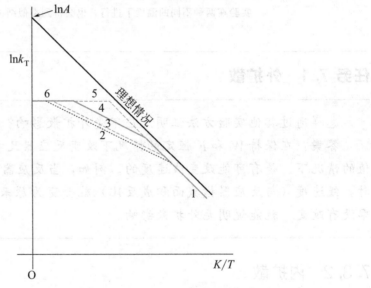

图 7.6　理想条件下阿伦尼乌斯曲线（实线）和由于内外扩散限制引起的偏差（线 1～6）

效率因子是 Thiele 模量 ϕ 的函数，是一个把催化剂活性和内部传质速率关联起来的无量纲数❸（见拓展阅读 7.3）。η 和 ϕ 之间的关系可以用图 7.7 中

---

❸　本书不对该课题进行深入探讨。读者可以参考反应工程方面的标准教科书［如 S. H. Fogler, Elements of Chemical Reaction Engineering, Prentice-Hall, London（1986）；以 及 J. A. Moulijn, M. Makkee, A. van Diepen, Chemical Process Technology, Wiley, Chichester, New York, Weinheim, Brisbane, Singapore and Toronto（2001）］了解更多细节，以便更好地设计优良的反应器。

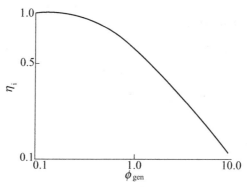

图 7.7　盘形催化剂上的一级反应的效率因子 η_i 随 Thiele 模量 ϕ_{gen} 变化的曲线

的一级反应来说明（该图针对板状催化剂，圆柱体和球形颗粒催化剂的曲线形状略有不同）。从图中可以看出在 ϕ 值很低时效率因子趋于 1（高 D_{eff} 值，当 ϕ 趋于 0 时，$\tanh\phi$ 趋于 ϕ）且这种情况有助于测量所有催化剂位点的速率。这与图 7.6 中 Arrhenius 曲线的理想情况（线 1）一致。然而，当温度增加时，η_i 降低且 Arrhenius 曲线偏离理想直线。导致偏离发生的温度取决于包括催化剂孔密度在内的许多因素，结果如曲线 2，3，4 所示（拓展阅读 7.4 为对一级反应的进一步处理）。曲线 5 展示了没有内扩散影响的情况；相应的，这条曲线向理想曲线靠近，直至反应速率达到极限值，该极值与催化剂颗粒外部传质速率一致。其他情况（2～4）反应速率也会达到极限值受曲线 6 限制。

⁚ 拓展阅读 7.3　Thiele 模量 ϕ 及效率因子 η

在 n 级反应中，Thiele 模量 ϕ_{gen} 的值与单位体积本征反应速率常数 k_v、反应级数 n、反应物分子的有效扩散系数 D_{eff} 以及催化剂颗粒（球形、板状、颗粒等）的浓度 c_s 有关：

$$\phi_{gen} = \frac{V}{SA} = \sqrt{\frac{k_v}{D_{eff}} \times \frac{n+1}{2} c_s^{n-1}} \tag{1}$$

方程中 $\dfrac{V}{SA}$ 为颗粒体积/外表面积。板状颗粒的一级反应（长度为 L，有效扩散系数是 D_{eff}）可表示为：

$$\eta = \frac{\tanh\phi}{\phi} \tag{2}$$

其中

$$\phi = L\sqrt{\frac{k}{D_{eff}}} \tag{3}$$

ϕ 值高时，$\tanh\phi$ 趋于 1，拓展阅读 7.3 中的方程式(2) 可以简化为：

$$\eta = 1/\phi \tag{1}$$

因此，观测到的反应速率此时可表示为：

$$r_{\text{obs}} = \eta r_{\text{chem}} = r_{\text{chem}}/\phi \tag{2}$$

从拓展阅读 7.3 的方程式(3) 可知

$$\phi \propto \sqrt{k}$$

因此

$$r_{\text{obs}} = r_{\text{chem}}/\sqrt{k}$$

一级反应中

$$r_{\text{chem}} = k(c)$$

所以

$$r_{\text{obs}} = k(c)/\sqrt{k} = \sqrt{k}(c) \tag{3}$$

当 $k = A\exp[-E/(RT)]$ 时，

$$r_{\text{obs}} = \sqrt{A}(c)\exp[-E/(2RT)] \tag{4}$$

换言之，对于一级反应，阿伦尼乌斯曲线的斜率是无扩散限制反应的一半，表观活化能 $E_{\text{app}} = 0.5E_{\text{true}}$ （真实）。

图 7.8 展示了含孔球形催化剂颗粒中扩散情况随温度的变化。低温时（低 ϕ 值），颗粒中的浓度分布恒定（线 1），效率因子是 1.0。随着温度升高，球体中心处的浓度降低（线 2），在更高的温度下，球体中心处的浓度降至 0（线 3，高 ϕ 值）。

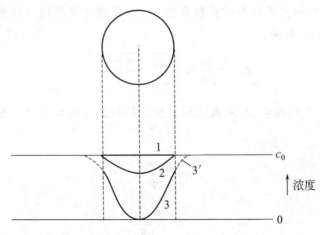

图 7.8　通过催化剂颗粒的反应物分子的浓度与反应条件的关系
1—低温，大孔；2—较高温度，较小孔；3—高温，小孔

图 7.9 更加定量地说明了一个与之等效的结果，该图显示了对于一个两端开口的长 $2L$ 的理想圆柱形孔（即贯穿催化剂颗粒的孔），在不同 Thiele 模量 ϕ 值情况下（$\phi < 0.3$ 时，图中没有显示，该线与 x/L 轴平行），反应物浓度（图为 c/c_0）与进入该孔的距离（图为 x/L）之间的函数关系。该图也显示了反应物的平均浓度除以孔口浓度的值，即效率因子 η。可以看出，在所有情况下，孔中心处的浓度都明显低于处于孔口处的浓度，效率因子在 ϕ 值高时会下降至 10% 以下。

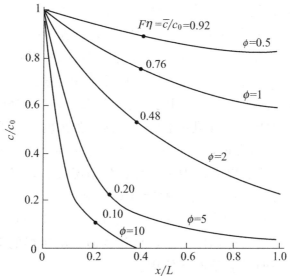

图 7.9　在不同 Thiele 模量 ϕ 情况下，催化剂颗粒
中的浓度随进入孔中的距离 x/L 变化的曲线

每条曲线上都标注了内部平均浓度 $\overline{c}/c_0$

上面讨论过的 Thiele 模数 ϕ 是一个无量纲的量，它是催化反应速率相对于催化剂孔内反应物扩散速率（内部传质）的量度；较高的内部传质速率对应较低的 ϕ 值，而内部传质影响反应有效速率的情况则对应较高的 ϕ 值。为了确保最小的传质并充分发挥催化剂的活性，应尽量提高反应物到达活性表面的能力。这可以通过改善颗粒催化剂的形状实现，即宽而短的孔有助于反应物分子接近活性表面。一种方法是使用非常小的、用在流化床中的颗粒（见下文）。另一种解决方法之前讨论过，即利用设计的载体形状提供尽可能大的表面积及相对短的孔；图 7.1 展示了几种合适的几何形状——球形、拉西环、中空挤出形或三叶形。也可以利用负载在惰性基体上催化剂的相对薄的几何特征，如在整体材料或在微通道反应器中的微通道中涂覆催化活性成分；见第 5 章 5.10 节。

7.3.3 扩散限制对选择性的影响

效率因子 η 除了会影响催化剂活性，对催化剂的选择性也会起到重要作用。我们现在来考虑一个连串反应：

$$A \longrightarrow B \longrightarrow C \qquad\qquad (7.6)$$

其中，B 是所需产物而 C 是不希望得到的副产物（例如选择性氧化反应中的选择性产物可进一步氧化得到 CO_2 和 H_2O）。反应中的活性位点均匀地分布在催化剂孔内，且反应的两个步骤都发生在这些位点上；A 和 B 将竞争这些活性位点，所以只有在 A 的浓度较低时，B 才会进一步反应生成 C（为了简化，我们假设小孔都是图 7.9 中采用的两端开口的圆柱形）。当 η 为 1 时，整个孔内反应物的浓度保持不变（见图 7.8），且催化剂孔中所有活性位点对分子 A 转换产生 B 的影响都一样，因此，对于 B 来说选择性是最理想的。然而，如果 η 值低，温度高时，位于孔中心的反应物 A 的浓度会下降到 0 并且分子 B 可以更深入地扩散进入孔内，在活性空位进行进一步反应。因此，催化剂的选择性则下降至最佳值以下。为了避免这种情况发生，可以制作蛋壳形催化剂，其中活性组分集中在孔口附近（见拓展阅读 7.5）。在这样的形状中，即使 B 扩散到催化剂中心，也没有活性位点会出现产物 C。在连续反应中，蛋壳形催化剂的选择性更高，且与普通方法制得的催化剂相比，这类催化剂能在更高的反应条件下使用。

拓展阅读 7.5　蛋壳形催化剂

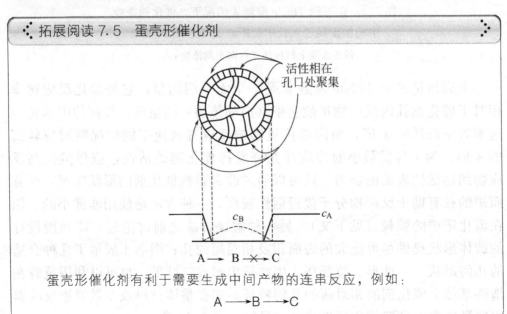

蛋壳形催化剂有利于需要生成中间产物的连串反应，例如：

$$A \longrightarrow B \longrightarrow C$$

如图所示，如果 A 与 B 的反应发生在相同位置并且 A 的完全反应在催化剂层的里面发生，这种催化剂也有另一种处理方法来避免扩散限制，例如可在流化床反应器中使用带有大孔的小颗粒。

如果在催化剂上发生两种不同的竞争反应：

$$A \xrightarrow{k_A} B \tag{7.7}$$

$$X \xrightarrow{k_X} Y \tag{7.8}$$

没有扩散限制时，选择性可表示为：

$$S = k_A / k_X \tag{7.9}$$

而存在扩散限制时：

$$S' = \sqrt{k_A D_A / (k_X D_X)} \tag{7.10}$$

此处的 D_A 和 D_X 是各自的扩散系数。由于 A 和 X 的扩散系数不会有很大差异，所以：

$$S/S' \approx \sqrt{k_A/k_X} \tag{7.11}$$

对于一个选择性反应，很可能 $k_A \gg k_X$。因此，催化剂的选择性在有扩散限制时比没有扩散限制时更低。只有 $k_X > k_A$ 时，选择性才会提高。

如果有两个平行反应：

如果反应级数相同，扩散不会影响选择性，反应级数不同时，多级反应速率比低级反应速率降低得更多。

7.3.4 扩散限制对催化剂中毒的影响

如果一个在扩散限制下进行的反应由于反应混合物中的某些成分选择性吸附在活性位点而中毒，在孔口处的活性位点则会选择性中毒（见图 7.10），而催化剂孔内不会中毒。因此即使少量毒物也会对催化剂活性造成很大影响 [A.Wheeler, Adv.Catal., 3 (1951) 349；也参见 J.J.Carberry's Chemical and Catalytic Reaction Engineering, Courier Dover Publications, 2001 的 9.7 节；http://books.google.com/books? id＝arJLaKa4yDQC]。

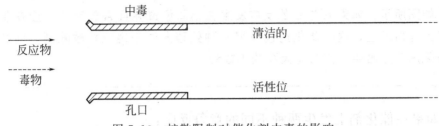

图 7.10　扩散限制对催化剂中毒的影响

7.4　催化反应中的传热

传热与传质（外扩散和内扩散）一样，在催化反应的实际应用中起着重要作用。除了少数例外，催化反应都是放热或吸热的，所以去除或供给热量非常重要。另外，许多反应在热力学上是可逆的，所以吸收或放出热量对平衡位置有显著影响。在讨论一些典型的工艺设备的设计之前，我们将首先考虑控制催化反应温度的重要性。

7.4.1　连续反应

我们首先研究温度对一个假设的反应的影响［式(7.6)］，该反应有两步：

$$A \xrightarrow{k_A} B，活化能 E_A \tag{7.6a}$$

$$B \xrightarrow{k_B} C，活化能 E_B \tag{7.6b}$$

我们首先需要回答一个问题：在什么温度下才能获得最多的产物 B。图 7.11 所示为这两个反应的两条可能的 Arrhenius 曲线，一种情况是 $E_A > E_B$，另一种情况是 $E_B > E_A$。在第一种情况中［图 7.11(a)］，只要温度足够高，A 生成 B 的速率常数远大于 B 生成 C 的速率常数，也就是在交点左侧的位置。这就意味着 A 生成 B 的反应速率要远高于生成 C 的速率，尤其是在 B 的浓度偏低时。另一方面，对于第二种情况［图 7.11(b)］，如果温度低或 B 的浓度低，那么 A 生成 B 的速率常数以及反应速率要明显高于 B 生成 C 的。因此，为了保持对 B 的良好的选择性，温度必须一直远低于图 7.11(b) 中交点的对应温度。实际情况的缺点是 A 的转化速率相对较慢。因此，为了减少获得产物 B 的时间，需要采取不同的方法：在各温度下优化反应时间以优化 B 的产量而不产生大量的 C。如图 7.12

所示，可以首先在高温时开始反应，然后逐步降低温度继续反应。该图展示了反应器中浓度与时间（接触时间）的关系以及三个逐步降低的温度 $T_1 > T_2 > T_3$ 条件下所对应的结果。温度为 T_1 时，k_B 远大于 k_A，由于 B 的浓度仍然很小，所以形成 C 的速率也很小。一旦 B 的浓度达到一定值，C 就开始形成，并且反应速率随着 B 的增加而增大。这时，温度开始下降，速率也开始下降。因为 E_B 远大于 E_A，所以 C 的生成速率（与 B 的生成速率相关）将会下降，且生成 B 的反应起到决定性作用。温度再次降低时，情况也如此❹。因此，需要记住反应时间与催化剂床层长度直接相关，图 7.12 描述的情况对应三个连续反应器，温度分别为 T_1、T_2 和 T_3。我们刚刚讨论的情况仅符合选择性氧化反应，其中 B 是选择性氧化产物，C 是非选择性产物 CO_2。在这种情况下，一定会有其他的反应物和产物，但是讨论结果是相同的。

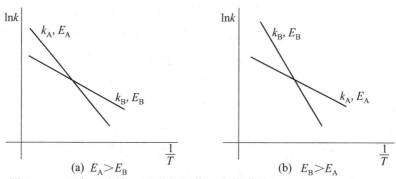

图 7.11　两个（连续）反应的阿伦尼乌斯曲线：A ─→ B 和 B ─→ C

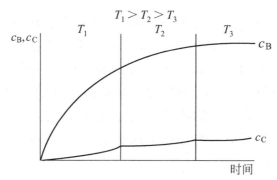

图 7.12　图 7.11 情况（b）条件下，当三个反应温度
依次降低时，c_B 和 c_C 与接触时间的函数关系曲线
（假定该例为等温操作）

❹　如果整个过程是在最低温度下进行，那么 B 的选择性就会高于逐步进行过程中的选择性。然而，相应的接触时间会更长。

7.4.2 可逆反应

这些结果同样也适用于可逆反应，请看以下反应：

$$A \underset{k_B}{\overset{k_A}{\rightleftharpoons}} B \qquad (7.12)$$

这与式（7.6）完全等价，其中的第二个反应是第一个的逆反应。上面的情况（a）（见图 7.11）对应吸热反应

$$\Delta H° = E_A - E_B > 0$$

情况（b）对应放热反应

$$\Delta H° = E_A - E_B < 0$$

为了使情况（a）获得最佳产量，就像上面处理连续反应的方法一样，正方向的吸热反应必须在尽可能高的温度下进行以保证最佳产量。甲烷的水蒸气重整就是这种情况，我们会对其细节另行讨论。该例中，反应温度约为900℃，转化率约为99％。该反应的最高温度受反应器材料限制。正如第8章所述，驱动该反应的能量是通过燃烧天然气来提供的。该反应在长管状反应器中发生，管内装有合适形状的催化剂（通常是拉西环状），用火焰（内部装有燃烧着的天然气）沿着长管在外部对其整体加热。

在放热反应情况（b）中，必须采用不同的方法。图 7.13 通过一个典型吸热反应的四个绝热催化床展示了温度曲线与床层位置（或反应器中的时间、或 W/F，所有催化床都含有相同组分）的函数关系❺。第一个催化剂床层入口的温度是 400℃，催化剂在这个温度足以保证充足的活性以达到所需要的反应速率。只要没有明显的轴向传热并且没有热量通过反应壁流失，在床层入口处反应一发生，就会放出热量，反应床层的温度就会随之增加❻，在反应床层中任何位置，温度的上升都与该点的转化率成正比。床层温度显著上升（详见下文）直到转化率接近最高温度时的平衡值。正如上述连续反应的情况，含有产物的反应混合物随后被传递到温度更低的第二个反应床层入口，正反应的整体速率远低于同温时床层 1 中的速率，因为

---

❺ 绝热操作假定反应器中没有热量损失并且产生的任何热量都会用于加热距离反应最近的催化剂。图 7.13 和图 7.14 的例子与 SO_2 氧化成 SO_3 过程一致，但也同样能应用于氨的合成、CO 甲烷化或者合成气的甲醇合成。SO_2 氧化反应的催化剂是负载在多孔二氧化硅载体孔内的含有 V_2O_5 的 K_2S_2O 熔融盐。

❻ 该图有些理想化，因为反应器不可避免地会损失热量。该方法也假定床层的热容没有随温度发生明显改变。

此时逆反应速率愈加明显；然而，床层 2 中发生了进一步的反应，床层被设计成特定的长度，使转化率在床层的出口处接近（但并没有达到）热力学平衡。这同样适用于另外两个床层。

将图 7.13 中的四个床层按照反应器温度重新排列，温度与转化率的函数关系如图 7.14 所示。假设每个床的结构和组成都相同，每条线的斜率都由床层的热容决定（如上所述，假定反应器系统操作时绝热，对于非理想反应来说会有明显偏差）。在图 7.14 的两条曲线中，一条对应相应温度的平衡位置（平衡线），而另一条则为在一定转化率条件下达到最高反应速率时对应的温度线（最佳温度线）。如拓展阅读 7.6 所述，最佳温度线可以通过 A 生成 B 的可逆反应的详细反应动力学知识计算出来。

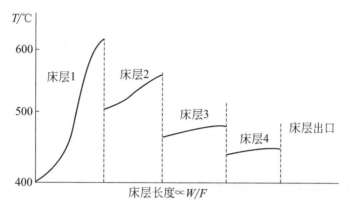

图 7.13 可逆放热反应绝热反应床层的温度分布

为了获得此图，床层间必须冷却（来自脚注❷中提到的讲义）

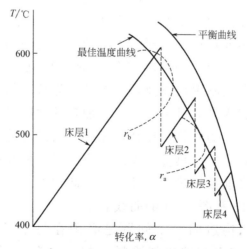

图 7.14 可逆放热反应连续反应器的操作线

实线代表平衡转化率和最佳温度线。虚线 r_a 和 r_b 代表恒定反应速率线（见拓展阅读 7.6）

正反应的速率为：

$$r = r_A - r_B = k_A[A] - k_B[B] = k_A^0 e^{-\frac{E_A}{RT}}[A] - k_B^0 e^{-\frac{E_B}{RT}}[B]$$

当 $dr/dT = 0$ 时，反应速率最高（图 7.14 的两条虚线，r_a 和 r_b 代表反应恒定反应速率；在这些线与最佳温度线的交点处做这些线的切线，所得到的线平行于 T 轴）。

$$\frac{dr}{dt} = 0 = \frac{1}{RT^2}\{k_A E_A[A] - k_B E_B[B]\} = \frac{1}{RT^2}(r_A E_A - r_B E_B)$$

所以
$$r_A E_A = r_B E_B$$

或

$$\frac{r_A}{r_B} = \frac{E_B}{E_A} = \frac{k_A^0}{k_B^0} e^{-\frac{E_A - E_B}{RT}}\frac{[B]}{[A]} = \frac{k_A^0}{k_B^0} e^{-\frac{E_A - E_B}{RT}}\frac{1-\alpha}{\alpha} = 1$$

因此，相应的 α 值为：

$$\frac{\alpha}{1-\alpha} = \frac{k_A^0}{k_B^0} e^{-\frac{E_A - E_B}{RT}}$$

更复杂的机理也可推导出类似表达式。

7.4.3　可逆放热反应的反应器

在实际操作时，可逆反应与连续反应 A⟶B⟶C 类似，需要通过一系列的反应器才能得到最佳产量，其中初始反应温度应尽可能高，然后在进入第二个反应器前冷却下来。图 7.15 展示了这种反应器的构造，其中中间床层的冷却是通过在床层间引入冷却剂来实现的（为简单起见，图中省略了围绕在整个反应器周围的护套）。所示的几何构造通常用于生产氨气，也可用于混合气制甲烷以及将 SO_2 氧化为 SO_3 制硫酸。在这些可逆放热反应中，原料首先会通过由产物气体加热的"原料/废物换热器"，然后分别穿过三个反应器的外壳，在到达床层 1 入口之前吸收每个反应器的热量。反应进行时，会放出热量并加热反应床层。离开反应床层 1 的气体在进入反应床层 2 之前被换热管冷却，并以此类推。每个床层上的反应过程都可用类似图 7.13 和图 7.14 的曲线表示。

图 7.15 中所示构造的一个问题是必须在每个反应器内分别填充催化剂，所以去除和填充催化剂原料是相当复杂和耗时的。为此，人们研发了单床层反应器，其中部分反应气体作为冷却气通过反应床层

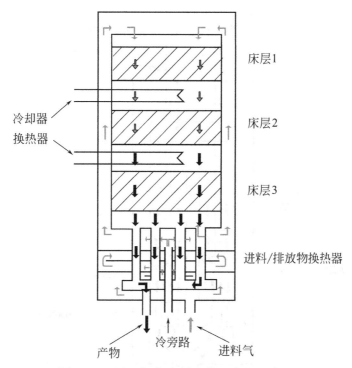

图7.15 用于氨合成的绝热反应器示意图
（灰色箭头代表供料，黑色粗箭头代表产出）

中合适位置的喷嘴被引入到反应床层的各个位置，这样就产生了和以上讨论相类似的温度曲线；每添加一次冷却气体，温度都会有所下降，与上文提到的内部带有冷却床层的反应器一样。图 7.16 所示为由 ICI（现在是 Johnston Matthey）开发的用于合成氨的冷激反应器示意图，其中冷却气体通过单床层内的两处喷嘴进入，通过这样的方式达到三床层反应器的效果；反应器结构简化后，可以从反应床层底部移除废弃催化剂，并从顶部添加新催化剂，这样，再添加催化剂就容易多了。

图 7.17 展示了一个完全不同的方法。这个图描述了一个由 Haldor Topsøe 设计的用于合成氨的"径向流反应器"。使用两个分开的床层但控制气流放射状地穿过反应床层，这样的优点是能保持穿过催化剂床层的扩散长度最短，从而使得通过反应床层的压力降至最低。这样的方法可以用较小的催化剂颗粒，以减少内部的传质限制。在通过一系列的热交换器之后，原料气体通过第二个床层的中心，扩散进入第一个床层的内管壁。产物气体随后沿着第二个床层的外管壁前行并向其扩散。产物离开第二个床

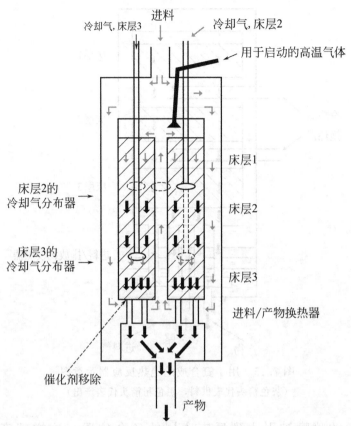

図 7.16　由 ICI 开发的用于合成氨的冷激反应器示意图
（灰色箭头代表供料，黑色粗箭头代表产出）

层后与进入第一个床层的原料气体进行热交换，将其加热。可以从中心原料管的底部加入冷却气以控制温度。Haldor Topsøe 声称这种几何形状显著地增大了单位反应器体积中可用催化剂的表面积。

　　所有催化过程需要仔细地进行热管理，以上提到的例子已经展示了相关设备设计的复杂性。就催化工程师而言，这类应用的挑战还有很多。所用的催化剂必须有理想的活性和选择性，它们也必须具有合适的几何形状以保证充分发挥活性点的作用（换言之，如上文提到的将扩散限制降到最低），且它们必须有足够的机械强度和抗热冲击强度来抵抗实际反应器的极端温度。接下来的总结部分将讨论在工艺过程中，热管理起到至关重要作用的一个例子，以及这个工艺对所用催化剂的要求。

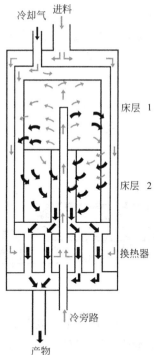

冷却气　进料

床层 1

床层 2

换热器

冷旁路

产物

图 7.17　由 Haldor Topsøe 设计的用于合成氨的径向流反应器
（灰色箭头代表原料供，黑色粗箭头代表产出）

7.4.4　化学热管："Adam 和 Eva 过程"

"Adam 和 Eva 过程"是由德国 Jülich 核研究中心（KFA）在 20 世纪 70 年代率先提出的一个概念。那时该研究中心正在开发高温核反应堆，球形的燃料元件在其中通过氦气冷却，反应堆中的氦气温度至少为 800℃。Eva 反应器利用高温的氦气为甲烷的水蒸气重整制合成气提供所需的热量。

$$CH_4 + H_2O \rightarrow CO + 3H_2 \tag{7.13}$$

然而，在标准的水蒸气重整反应器中，重整管被放置在燃气炉中，利用辐射热直接对管壁加热，而 Eva 反应器使用逆流流动装置，热量从氦气通过反应器壁直接传导到反应器中。由于氦气具有非常良好的传热性能，所以该反应器的效率非常高[7][8]。

---

❼　该系统的一些前期工作发表在 B. Höhlein，R. Menzer，J. Range，Appl. Catal.，1 (1981) 130 文章中。

❽　Adam 和 Eva 的概念经历了两个不同规模试验厂的检验。由于难以将该系统耦合到核反应堆上，所以这两个试验厂使用的是电热氦气流。尽管两个工厂运作良好，但由于德国后来放弃了高温核反应堆的开发，所以该概念并没有应用到实际当中。

在核反应堆中进行重整反应后，生成的合成气将通过管道被输送到一定的距离（50～100km）以外，需要合成气储能的区域。能量通过在 Adam 反应器中的甲烷化反应而被重新利用。

$$CO+3H_2 \longrightarrow CH_4+H_2O \qquad (7.14)$$

除去冷凝水后，通过平行管道将甲烷送回核反应堆，从而完成一个循环过程。图 7.18 为该过程的示意图，图 7.19 是更详细的反应器装置图。

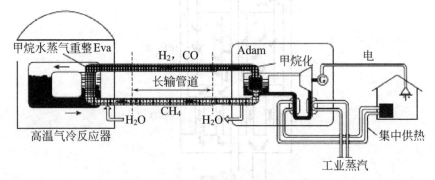

图 7.18　Adam 和 Eva 概念示意图

复制于脚注❼的文章，已经过 Elsevier 公司许可

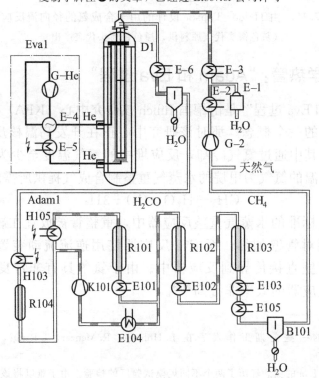

图 7.19　Adam 和 Eva 系统（包括反应器、供料系统等细节）

复制于脚注❼的文章，已得到 Elsevier 公司许可

在本章中，Adam 系统的形状具有特殊的意义。为了提高合成气制甲烷的转化率，使用了串联的三个反应器，内部安装了上文提到的用于氨气合成的床层内冷却装置。然而，由于甲烷化反应的反应热很大，如果原料未经稀释，当进口温度约为 300℃ 时，第一个床层的温升约为 800℃。为了防止温度如此大幅地升高，需要引入一个循环回路，以便将温度上限降低至约 600℃。在这项研究的初期唯一商业化的甲烷化催化剂是用于进入合成氨反应器前的氢气流中痕量 CO 甲烷化的催化剂。这样的甲烷化反应器的温度上升幅度小，所以对催化剂的要求相对简单：在约 450℃ 时具有足够的活性，且有足够的热稳定性，以确保催化剂在长时间的使用过程中不会失活。对 Adam 反应器的要求则是不同的：在 300℃ 开始反应时有足够的活性，且在 600℃ 时有足够的热稳定性，以避免标准的甲烷化催化剂可能发生的严重的烧结现象。在与 Haldor Topsøe 合作时这项工作取得了一定进展：新的镍基甲烷化催化剂表现出了所需的活性和稳定性。图 7.20 展示了使用 Haldor Topsøe 催化剂的 Adam 1 的三段床层的温度分布的典型结果。在 20 世纪 80 年代初期，较大的 Adam 和 Eva Ⅱ 试验工厂运行了一段时间，产生的热量能满足一个小镇所需。然而，后来迫于政治压力不得不放弃高温反应器以及这一过程概念❾。

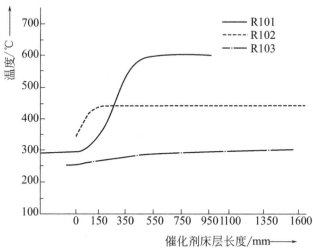

图 7.20　Adam 1 反应器中温度分布曲线
复制于脚注❼的文章，已得到 Elsevier 公司许可

---

❾　有证据表明，当前重新开发这种核反应堆的压力正在增加。

任务 7.2

  Adam 和 Eva 系统蕴含的思想最近被用于通过甲烷的 CO_2 重整这一吸热反应中，实现太阳能的利用。将重整反应器放在日光反射装置的焦点上，产生的合成气用管道输送到需要能源的地方。查阅文献学习更多该系统在太阳能利用方面的应用，可以 M. Levy et al.，Solar Energy，50 (1993) 179-189 为出发点。看看你是否能够查找到化学热管的其他设计方案，可以从 Zeng 等的工作开始，这些工作利用了基于可逆 SO_2/SO_3 循环的系统 [Int. Atomic Energy Agency，Vienna（Austria），IAEA-TEC-DOC-761，pp. 102-107；http://www.iaea.org/inisnkm/nkm/aws/htgr/fulltext/25067248.pdf/]。

8.1 引言

在前面的章节中，已经学了催化领域的许多背景知识和一些重要参数，这些参数决定了一个催化剂能否在催化过程中使用。在本书的最后一章，我们将从各方面对目前实际应用的一些重要催化过程进行简要介绍，并为读者使用 Scopus、Web of Science 和其他搜索工具进一步自学提供一些参考建议。重点在于，假设阅读包含作者实践经验的原创性文献比阅读枯燥的教科书能使你学到更多，这能够鼓励你阅读相关文献。本书将尽可能地为你提供综述文献的链接，这些文献很好地总结了作者对其研究领域存在的问题的看法，本书偶尔也会将你引向一篇特别重要的原创论文。不要试图将你读到的每个内容的所有细节都弄清楚——对于一篇论文，你每读一遍都会发现一些不同的兴趣点，应该尝试提炼出与你目前的搜索内容最为相关的要点。

在前面的章节中已经强调，催化在几乎所有的工业过程中都起着举足轻重的作用。实际上，据估计，超过 80％ 的工业品（或它们的一部分）是通过催化过程生产的。在下面的章节中，我们将讨论催化在能源领域和大宗化学品生产中的应用，然后将简要讨论催化在精细化学品和药品领域的重要性，最后将讨论催化在环境控制和生物质转化方面的应用。

8.2 天然气催化转化

图 8.1 显示了催化在自然资源（煤、石油和天然气）转化成有用产品过程中的重要性。实线箭头 1、2 和 3 代表这些资源作为能源使用，即通过燃烧过程提供热量和电力，这些过程是非催化的。为了保持过程的完整，天然气催化燃烧（见拓展阅读 8.1）也用一个虚线箭头表示出来（3）。与均相燃烧相比，催化燃烧具有 NO_x 排放量低的优势，它也可以有效地从其他气体中去除痕量甲烷或含更多碳的烃。其他非催化过程包括煤的气化（实线箭头 4）和热裂解馏分油制备烯烃（实线箭头 10）。为了保持完整，馏分油催化转化为石油化学品和精细化学品的过程用虚线箭头表示（14），我们将在 8.3 节分别介绍催化在这两个方面的应用。现在将依次讨论其他转化过程（我们已经在前面的章节中介绍了许多其他过程，会根据情况进行交叉引用）。

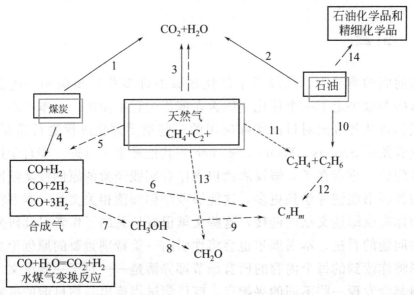

图 8.1 从煤炭、石油和天然气生产能源和化学品的示意图

实线箭头代表非催化过程，长点线箭头代表已建立的催化过程，点线箭头
表示未来可能的发展（路线 14 代表石油在石化工业的炼油厂和石油
化学产品中的使用，后面的章节中将讨论精细化学品工业）

❖ 拓展阅读 8.1　甲烷催化燃烧

　　甲烷催化燃烧最常用的催化剂是氧化铝或一些含有氧化铝的载体（如莫来石或董青石）负载的钯催化剂。下面的图 [J. H. Lee, D. L. Trimm, Fuel Process. Technol., 42 (1995) 339-359, 略作修改] 显示一个典型的催化剂上发生反应的几个特点。

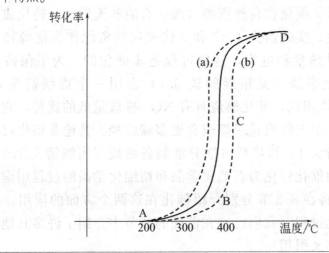

实线显示了钯/氧化铝催化剂转化率随温度变化的典型情况。区域 A 显示了催化剂的典型的"起燃"行为，区域 B 代表动力学条件下得到的结果。然而，由于反应本身是高度放热的，很难控制反应温度，温度升高使反应（区域 C）变为典型的传质控制（内扩散限制）。最后，在 D 区，在转化率约为100％时，反应速率控制步骤变为反应物向催化剂外表面的供应步骤（"反应物完全燃烧"）。这里的温度仅为近似值，但能看到在大约 200℃ 发生起燃，而完全燃烧发生在约 400℃。上限温度远低于 NO_x 形成的温度范围，也低于通常观察到气相自由基反应的温度范围。有大量的证据表明 Pd 催化剂的活性表面（至少部分）被氧化。点线（a）代表在测量之前在含氧的反应混合物中预处理刚还原的催化剂（实线）后的数据结果，催化性能有明显提高。点线（b）显示了多相催化剂另一方面的性质：气体进料中含有 100ppm（100μL/L）H_2S 的情况下各种组分的中毒效应。在这种反应条件下，形成的吸附的硫酸盐可以在氮气或真空条件下通过热处理再次被除去。

对上面提到的情况，Lee 和 Trimm 对文献报道的一些关于甲烷燃烧的研究工作进行了非常好的综述。活化和加入 H_2S 的影响的图来自于 L. J. Hoyos, H. Praliaud, M. Primet 原创的报道 [Appl. Catal. A，98（1995）125-138]。

8.2.1　天然气转化制合成气

我们已经讨论了有关天然气转化为合成气（图 8.1 反应 4）的一些内容，包括催化剂制备（拓展阅读 7.1）以及在 Adam 和 Eva 过程（7.4.4节）中的应用。甲烷水蒸气重整制合成气是一个成熟的技术，J. R. Rostrup Nielsen 已对此做了很好的综述[1]。本书作者也对反应的某些方面做了综述[2]。

---

❶　Rostrup Nielsen 发表了几篇关于水蒸气重整的文章，关于这个主题，一个最全面的综述名为 "Catalytic Steam Reforming"，在 "Catalysis-Science and Technology" 出版，由 J. R. Anderson 和 M. Boudart 编辑 [Springer-Verlag，Berlin，Heidelberg，New York and Tokyo，5（1984）1-117]。一个近期发表的描述最近发展的综述是 "Steam reforming and chemical recuperation"，Catal. Today，145（2009）72-75。建议感兴趣的读者用该作者的名字为起点，在 Scopus 中全面检索。

❷　J. R. H. Ross，"The steam reforming of hydrocarbons"，Surface and Defect Properties of Solids，Edited by M. W. Roberts and J. M. Thomas，Specialist Periodical Reports，Royal Society of Chemistry，London，4（1975）34-67；"Metal catalysed methanation and steam reforming"，Catal.，G. C. Bond，G. Webb（Eds.），Specialist Periodical Reports，Royal Society of Chemistry，London，7（1985）1-45；"Natural gas Reforming and CO_2 Mitigation"，Catal. Today，100（2005）151-158.

如图 8.1 所示，路线 5 包括三个由甲烷制合成气的不同方法：

$$CH_4 + H_2O \longrightarrow CO + 3H_2 \quad \Delta H° = 206.2kJ \quad 蒸汽重整 \quad (8.1)$$

$$CH_4 + 1/2O_2 \longrightarrow CO + 2H_2 \quad \Delta H° = -36kJ \quad 部分氧化❸ \quad (8.2)$$

$$CH_4 + CO_2 \longrightarrow 2CO + 2H_2 \quad \Delta H° = 247.4kJ \quad "干法"重整 \quad (8.3)$$

这三个反应看上去都是不可逆的，但实际上它们都存在平衡，只有在高温下才能被认为是不可逆的。此外，在这些过程中也能发生水煤气变换反应，在大多数情况下改变了最终的气体成分［特别是在反应(8.1) 和反应(8.3) 中，但在反应(8.2) 中如果部分甲烷完全氧化为二氧化碳，改变的程度可能会减小］，从而提高了它们的复杂程度：

$$CO + H_2O \Longleftrightarrow CO_2 + H_2 \quad \Delta H° = -41.2kJ \quad (8.4)$$

最后一个非常重要的问题是催化剂通过两个不同的反应产生积炭：

Boudouard 反应 $\quad 2CO \Longleftrightarrow C + CO_2 \quad \Delta H° = -172.4kJ \quad (8.5)$

和甲烷分解 $\quad\quad\quad CH_4 \Longleftrightarrow C + 2H_2 \quad \Delta H° = 74.9kJ \quad (8.6)$

在过量蒸汽存在的条件下进行水蒸气重整反应［反应(8.1)］，（热力学上）可以很大程度地避免积炭。然而，干法重整［反应(8.3)］在热力学上是无法避免积炭的，所以干法重整只有通过动力学控制（开发不利于积炭的催化剂）才有可能实现。在部分氧化中［反应(8.2)］，这个问题不是很重要，只要选择适当的条件，即使进料气中氧分压很低，生成的碳也能被立刻烧掉。虽然"干法重整"可以获得低 H_2/CO 比（接近 1）的产物，而具有一定吸引力，但此反应目前并没有商业化，至少部分原因是积炭的问题❹。

以下是甲烷水蒸气重整过程中的一些重要问题：

• 所有系统必须采用加氢脱硫装置脱硫。

• 常用的催化剂：难熔载体负载镍。

• 反应器类型：外部加热的管状重整反应器，所需要的能量由天然气燃烧供给。

---

❸ 部分氧化反应(8.2) 经过两个步骤，部分甲烷氧化为 CO_2 和 H_2O，然后通过反应(8.1) 和反应(8.2) 消耗剩余甲烷；在催化剂床层的入口发生放热的氧化反应，然后在催化剂床层进一步发生缓慢的吸热反应。

❹ 有几个过程（如 Midrex，Armco 和 Nippon Steel Purofer 过程）用这个反应生产合成气，用于还原铁矿石；这些过程循环使用铁矿石还原排出的气体，所以在进料中含有二氧化碳和水（http://www.kobelco.co.jp/p108/dri/e/dri04.htm/）。Haldor Topsøe 已经使用未稀释的 CO_2 原料运行了干法重整的实验装置，但这个技术还没有商业化。

- 预重整反应器：采用填充床把天然气中其他成分都转化为甲烷。
- 产物组成：接近由热力学计算得到的平衡状态组成。

根据不同的用途，采用不同的策略。例如，对于合成氨过程中氢气的生产，系统中应包含水煤气变换反应器和尾气甲烷化反应器。对于用于费托合成的合成气生产，需增加自热重整反应器，进料气为水蒸气和纯氧的混合气❺。

拓展阅读8.2　碳纤维的生长

普遍认为，在催化剂上，上面提到的碳生成反应得到的碳是碳纤维。人们已经对碳纤维的形成机理和其应用（如作为催化剂载体和吸附剂）进行了大量的研究。反应(8.6)可能用于制备不含CO的氢气，尽管这种方法能否实现将取决于反应形成的碳是否能得到高附加值的应用。关于这个主题，一个最近的综述值得注意：Yongdan Li，Douxing Li，Gaowei Wang，"Methane decomposition to CO_x-free hydrogen and nano-carbon material on group 8-10 base metal catalysts：a review"，Catal. Today，162（2011）1-48。

本书作者认为在CO_2重整反应中，碳的生成是一个积极有利的封存CO_2的方式［"Natural gas reforming and CO_2 Mitigation"，Catal. Today，100（2005）151-158］。

甲烷的CO_2重整（"干法重整"）是一个多年的"热点"，并且以后仍然会如此。尽管缺乏工业应用，该反应及其催化剂仍引起了学术界的极大兴趣，部分原因是该反应被误解可以用来除去不想要的CO_2。即使能够发现工业过程所需的具有长期抗积炭能力的催化剂，但哪怕与少量发电厂每年生成的二氧化碳量相比，合成气在全球范围内潜在的用量都是极少的。然而，寻找有效的催化剂的过程促进了非常有价值的学术研究。虽然镍催化剂一般可以用于水蒸气重整，但在CO_2重整（$CH_4/CO_2 \approx 1.0$）的条件下，它们一般在相当短的一段时间后就不抗积炭了。另一方面，各种贵金属催化剂可以使用更长时间，很可能是由于碳只能在金属晶体的外部形成，这与碳溶解在镍体相内是不一样的。图8.2（另见拓展阅读3.6）显示了在干法重整条件下，Pt/ZrO_2催化剂表面状态的模型。这个模型显示甲烷吸附

---

❺　P. Bakkerud，J. Gøl，K. Aasberg-Petersen，I. Dybkær，"Preferred synthesis gas production routes for GTL"，Stud. Surf. Catal.，147（2004）13-18. Other papers in the same volume discuss in detail other aspects of GTL Technology.

在催化剂 Pt 晶体表面，然后在那里分解，释放出氢气，形成的碳扩散到金属载体界面，在那里与来自载体的氧反应。最后，载体被反应混合物中的 CO_2 重新氧化。虽然 Pt 表面在很大程度上仍然被碳覆盖，但由于金属载体界面仍然有大量能吸附碳的空位点，催化剂保持了活性。应该指出的是，图 8.2 描述的反应过程是第 6 章讨论的 Mars-van Krevelen 机理的变形。

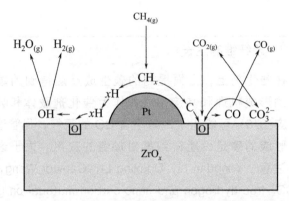

图 8.2　在 Pt/ZrO_2 催化剂上甲烷的 CO_2 重整的模型

来源：A. M. O'Connor, F. C. Meunier, J. R. H. Ross, Stud. Surf. Sci. Catal. 119 (1998) 819. 转载得到 Elsevier 许可

任务 8.1　干法重整催化剂

下面的文章讨论了甲烷的 CO_2 重整的一些内容：J. R. H. Ross, "Natural gas reforming and CO_2 mitigation", Catal. Today, 100 (2005) 151-158. 利用这篇论文引用的文献及在 Scopus 中搜索到的引用了这篇论文的文献，查阅"干法重整"催化剂研究的最新进展。

8.2.2　费托合成

由前一节讨论的过程制得的合成气有许多用途，既可作为纯氢气源（如前所述用于合成氨，并进而用于肥料的生产，或用于加氢过程），也可作为涉及一氧化碳和氢气反应的原料。我们在前面的章节中讨论了甲烷化反应及其在 Adam 和 Eva 过程中的应用，现在将讨论两个使用合成气的其他反应：费托（FT）合成和甲醇合成（分别为图 8.1 的反应 6 和反应 7）（这两个过程的发展历史在第 1 章已经介绍）。

高碳烃的费托合成

$$nCO+(n+m/2)H_2 \longrightarrow C_nH_m+nH_2O \quad \Delta H° < 0 \tag{8.7}$$

用适当比例的 CO 和氢的混合物为原料（采用水-气变换反应来适当改变组成，因为主要产品是最常见的长链饱和烷烃，$m=2n+2$，因此所需的比例接近 2）。严格地说，这个反应是可逆的，所以单箭头可以用可逆箭头替换。[事实上，逆反应是烃（而不是甲烷）的水蒸气重整，费托过程和水蒸气重整过程的热力学直接相关[6]]。低温和高压有利于提高费托过程的产率（Le Chatelier 原理）。在实践中，与第 7 章中提到的氨合成等可逆反应类似，该反应要在足够高的温度下进行，从而得到较高的转化率。这一过程的另一个重要的局限性是形成的产品几乎总是各种不同分子量的分子的混合物，产物范围从甲烷到石蜡，这主要是由 Schultz-Flory 分布决定的。产生这种分布的反应机理涉及逐步聚合链过程，链增长相比链终止的概率用符号 α 表示[7]。图 8.3 所示为预期产物的质量分数与 α 值的简化关系。可以看出，在低 α 值时甲烷是预期的产品，而在高 α 值（接近于 1）时预计只能得到高分子量产品。主要有三类金属催化剂引起了人们的注意：镍的 α 值较低，倾向产出甲烷；铁的 α 值适中，会得到较宽范围的产品；Co 的 α 值很高，往往会得到高分子量产品（如石蜡）[8]。因此铁和钴是适用的金属。

拓展阅读 8.3　费托反应机理

H. H. Storch、N. Gulumbic 和 R. B. Anderson 在 "The Fischere-Tropsch and Related Syntheses"（John Wiley & Sons，New York，1951，610 pp.）中，对于德国人对费托过程的早期研究，以及这个过程的机理进行了最初的描述。他们提出的机理涉及含氧 C_1 物种 [$CHOH_{(ads)}$] 的链生长。P. H. Emmett 和同事的分子标记研究为这一机理提供了有力的支持。最近提出的更被广泛接受的机理认为含 CH_2 的物种为链生长物种。然而，如果反应的主产物是醇，含氧物种似乎仍然是主要的物种。

---

[6]　1975 年 J. R. H. Ross 综述了水蒸气重整的各个方面，包括它的热力学 [J. R. H. Ross, "The steam reforming of hydrocarbons", Specialist Periodical Reports，Surface and Defect Properties of Solids，Eds. M. W. Roberts and J. M. Thomas，4 (1975) 34-67]。

[7]　有一些情况偏离了 Schultz-Flory 分布的严格的数学表达式。为了进一步处理这个问题以及费托合成过程中其他方面的问题，读者应该参阅更多的读物，例如：Fundamentals of Industrial Catalytic Processes，C. H. Bartholomew，R. J. Farrauto，Wiley-Interscience，New Jersey，2006。

[8]　其他金属中唯一受到关注的是钌；然而由于它非常稀少，并不适合用做催化剂；因为对它的大量需求会导致价格迅速上涨。下节将讨论铜在醇类（主要是甲醇）生产中的作用。

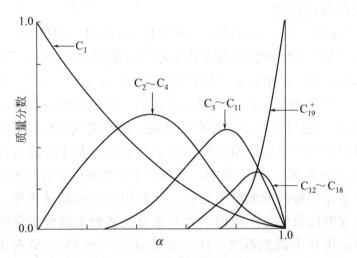

图 8.3　链增长概率 α 与 FT 产品质量分数的函数关系曲线

转载得到 Elsevier 许可

很多著作介绍了费托工艺的发展历史。在专门网站：http://www.fischer-tropsch.org/上可以找到有关该工艺的全面文献汇编。到目前为止，该工艺的发展可以分为四个阶段：

• 原始工艺的发展及第二次世界大战前该工艺在德国的应用，当时主要发展了 Fe 基催化剂。

• 在南非的应用。由于南非在贸易禁运期间无法进口石油，Sasol 建立了一个工业规模的装置来生产石油和柴油。

• 在美国和其他地方的研究，尤其是 20 世纪 70 年代初的能源危机促进了该工艺的发展，当时人们的注意力开始集中在钴催化剂上。

• 天然气液化（GTL）工厂的发展，液化天然气工艺主要在有过量天然气的地方使用，通常与石油储量以及迄今为止已经烧掉的石油有关；近期也与生物质转化为液体和微通道反应器的发展有关。

任务 8.2　费托合成催化剂

M. E. Dry 是一名在 Sasol 工作的资深科学家，那时南非是唯一在费托（FT）合成方面有显著进展的地方。在政治孤立时期，费托工艺是南非汽车燃料唯一的来源。一篇重要的文献描述了他在 Sasol 的部分研究工作：M. E. Dry, The Fischer-Tropsch Process：1950～2000, Catal. Today 71 (2002)

227-241。通过 Scopus 分析得知这篇文章仍然经常被引用。查阅引用这篇文章的文献,尤其要注意 GTL 和生物质转化等研究的最新发展。查阅研究过的催化剂类型以及催化剂组成和反应条件等对产品分配的影响,你也需要查阅有关 Schultz-Flory 产物分布的参考文献。写一个综述文章分析产物分布的意义及重要性。

Casci、Lok 和 Shannon 最近发表了一篇关于费托工艺及其催化剂的综述,其中详细描述了一些最新发现的精彩历史细节,非常值得关注❾。这些作者分析了过去的 30 年里与费托合成相关的专利的活跃程度,非常清楚地揭示了在过去的 10～15 年的时间里 Sasol、Shell 和 Exxon/Mobil 等公司对该领域高涨的热情,见图 8.4。他们认为,目前人们大力开发含钴材料,这些材料通常将硝酸钴浸渍负载到二氧化钛、二氧化硅或氧化铝等预成型载体上;这些催化剂常含有氧化物和贵金属助剂;见图 8.5。正如上文所说,目前大多数 FT 合成的开发都是为了在 GTL 工厂中生产燃料。Shell 曾经利用现代技术在 Bintulu(Sarawak,马来西亚)建造了第

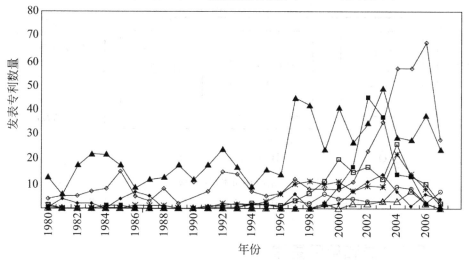

图 8.4   1980 年以来发表的与 FT 合成相关的授权专利

转载自 Casci 等,得到 Elsevier 许可

---

❾ J. L. Casci,C. M. Lok,M. D. Shannon,"FischereTropsch catalysis:the basis for an e-merging industry with origins in the early 20th century",Catal. Today,145(2009)38-44.

一个工厂，现在仍正授权其他单位在海湾建立其他工厂。图8.6为工厂示意图。本质上，它首先利用非催化部分氧化将天然气转化为合成气。然后，合成气通过装有多个管式固定床反应器的费托（FT）工艺转化成烷烃。最后，将FT产物加氢裂化/加氢异构化得到石脑油、中间馏分油和蜡状残渣的混合物。在多部天然气转换研讨会的论文集中可以了解到这些发展的更多细节及其背后的科学原理，例如，Studies in Surface Science and Catalysis，vol. 147（2004），Xinhe Bao，Yide Xu ed。

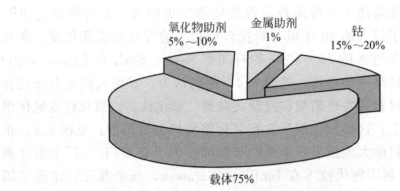

图8.5　现代Co基FT催化剂[6]典型组成

转载得到 Elsevier 许可

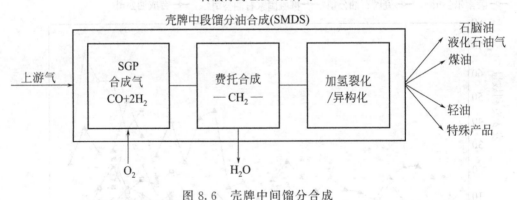

图8.6　壳牌中间馏分合成

来源：A. Hoek，L. B. J. M. Kersten，Stud. Surf，Sci. Catal. 147（2004）25-30。转载得到 Elsevier 许可

8.2.3　甲醇合成和甲醇重整

商业合成甲醇的发展历史（图8.1，反应7）在许多方面类似于合成氨（见1章）。Sabatier 和 Senderens 在1905年进行了早期的研究工作 [P. Sabatier，J. B. Senderens，Ann. Chim. Plzys.，4（1905）418]，目的是发展甲醇合成催化剂，研究表明 Cu 可用来作为甲醇分解的催化剂，但

其对逆向（合成）反应的催化效果欠佳。此后，Patard 在专利［French Patent 540，343（Aug.1921）］中提到很多材料，包括一些含铜的材料，都可作为甲醇合成的有效催化剂。然而，尽管如此，随后 BASF 在 1923 年研发了高压工艺，并使用"锌铬"氧化物作为催化剂。该工艺需在 200atm，350℃的条件下操作，在 20 世纪 60 年代被 ICI（当今的 Johnson Matthey）倡导的低压工艺取代。更详尽的综述参见：K. Klier，Methanol synthesis，Adv. Catal.，31（1982）243-313。

ICI 开发的催化剂是 $Cu/ZnO/Al_2O_3$ 体系。这些催化剂在 50～100atm，220～250℃的条件下能使合成气（同时含有一定比例的 CO_2）得到有效转换：

$$CO+2H_2 \longrightarrow CH_3OH \quad \Delta H° = -100.5kJ \tag{8.8}$$

和
$$CO_2+3H_2 \longrightarrow CH_3OH+H_2O \quad \Delta H° = -61.6kJ \tag{8.9}$$

这两个反应都是可逆的，但正如第 7 章所讨论的，可使用内置冷却夹层或类似装置的分段反应器，以获得令人满意的产率。文献中大量探讨了活性催化剂的性质、反应条件下催化剂的表面状态以及催化剂成分的重要性。人们普遍认为 CO_2 对于获得良好的催化活性起到至关重要的作用（纯 CO 比 CO 和 CO_2 的混合物的转化率低），也有人提出，在操作条件下，CO_2 能引起催化剂表面部分氧化。最近，更多的研究表明，用于证明在反应条件下存在表面氧化物的证据是有误导性的，该活性表面很有可能是金属铜。然而，添加 CO_2 是必要的，可能是因为在反应中它与甲酸盐物种有关，与 CO 相比，CO_2 更容易形成甲酸盐物种。

任务 8.3　甲醇合成催化剂的活性位

以上述的 Klier 的论文［Adv. Catal. 31（1982）243-313］作为起点进行引文检索，找一些近期讨论 CO_2 对甲醇合成影响的论文，同时了解更多关于甲醇合成催化剂的最新观点。你也应查找由 G. C. Chinchen、K. C. Waugh 和 D. A. Whan 所著的 "The activity and state of the copper surface in methanol synthesis catalysts"，Appl. Catal. 25（1986）101-107，查找最近引用了这篇文献的与铜催化剂上活性位的性质相关的文章。这些引用促成了 A. T. Bell 及其研究小组关于 Cu/ZrO_2 催化剂的研究工作，其中，重点强调了甲醇合成过程中氢从铜溢流到氧化锆上的重要性。

甲醇是一种重要的化工原料，估计 2010 年的全球需求为 4500 万吨。下面的网站详细列举了甲醇一些最重要的用途：http://www.methanol.org/pdf/WorldMeOHDemandbyDerivative.pdf/。这来自一个非常有用的甲醇用途信息源：甲醇协会（Methanol Institute）（http://www.methanol.org/）。甲醇的最重要的两个用途是生产甲醛（图 8.1，反应 8；见下一节）和生产甲基叔丁基醚（MTBE——拓展阅读 8.4）。在燃料电池方面的应用目前还比较有限。然而，人们对于这个热门课题的研究已经持续了一段时间，我们现在简略地讨论一下该课题[⑩]。

任务 8.4 高碳醇混合物的合成

在某些情况下，用特制的催化剂（如改进的 Cu-ZnO-Al$_2$O$_3$ 材料），合成气转化得到的不是甲醇，而是醇的混合物，实际上是费托合成的变形：一种链增长机理。在 20 世纪 80 年代，由于需要寻找新型添加剂来增加汽油中的辛烷值和含氧量，人们对这一工艺兴趣高涨。直到 1987 年，一篇由 X. Xiaoding、E. B. M. Doesburg 和 J. J. F. Scholten 撰写的综述 ["Synthesis of higher alcohols from syngas recently patented catalysts and tentative ideas on the mechanism", Catal. Today，2 (1987) 125-170] 非常清晰地介绍了这个课题，人们才对此有所了解。你应该查找这篇文章以及引用它的文章，以了解更多有关该课题的知识（也参见下文拓展阅读 8.4。）

由于燃料电池的产电效率高，人们正在开发燃料电池以便用于多种情况。其中一种便是用于汽车动力系统中，以发挥它环保、节能的优点。这类应用中最有效的燃料是纯氢，但由于氢在分布式供应和存储方面有许多困难，因此不能得到有效应用。在储存方面，尤其是对于汽车来说，氢的储存需要高压，或者合适的储氢材料。甲醇是一种很有前途的替代品，可以用来作为一个纯氢源或者甚至直接用在燃料电池上（"直接甲醇燃料电

[⑩] 值得注意的是，Lurgi 的工作者提出当氢不容易从其他来源获得时，可以大规模地使用甲醇重整制氢。[J. Haid and U. Koss, "Lurgi's mega-methanol technology opens the door for a new era in downstream applications", in: E. Iglesia, J. J. Spivey, T. H. Fleisch (Eds.), Natural Gas Conversion VI, Studies in Surface Science and Catalysis, Elsevier，399-404]. 作者认为从甲醇生产氢的新工艺将能够与石脑油制氢竞争。

池"，DMFC）。使用的燃料电池可以是低温的或高温的［例如，参见 C. Song，"Fuel Processing for low-temperature and high-temperature fuel cells-challenges and opportunities for sustainable development in the 21st century"，Catal. Today，77（2002）17-49］。这一应用发展最好的是"质子交换膜燃料电池（PEMFC）"，如图 8.7 所示。质子能扩散通过的这种膜是一种含氟磺酸聚合物，如 Nafion 膜（杜邦）；这个膜对 H^+ 离子的透过选择性非常好。氢通常是在燃料处理器中产生的（而不是从外部氢源供应），并在燃料电池的阳极中转化成质子。然后质子通过膜到阴极，与来自空气的氧反应生成水。图 8.8 所示为一种类型的直接甲醇燃料电池（DMFC）。

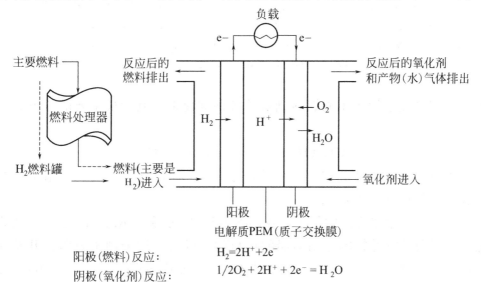

阳极(燃料)反应：　　　$H_2 = 2H^+ + 2e^-$

阴极(氧化剂)反应：　　$1/2O_2 + 2H^+ + 2e^- = H_2O$

总反应：　　　　　　　$H_2 + 1/2O_2 = H_2O$

图 8.7　质子交换膜燃料电池（PEMFC）示意图

来源：C. Song，Catal. Today，77（2002）17-49。转载得到 Elsevier 许可

∴ 拓展阅读 8.4　甲基叔丁基醚和高碳醇的混合物 ∴

　　应当指出的是，20 世纪 80 年代末，由于 MTBE（甲基叔丁基醚）的使用，人们对高碳醇作为含氧添加剂的潜在用途的兴趣减小。有段时间甲基叔丁基醚分子一直被用作汽油的氧化促进剂（帮助减少 CO 的排放），直到人们意识到它会严重破坏环境，现在它再次被淘汰（http://auto. howstuffworks. com/fuelefficiency/fuel-consumption/question347. htm/）。用甲醇生产甲基叔丁基醚，也是一种在"反应蒸馏"系统进行的用酸作催化剂的催化过程。这方面的文献很容易在谷歌上通过搜索 MTBE 找到。

图 8.8　由 Jülich 研究中心研发的直接甲醇燃料电池车（JuMOVe）

经 Forschungscentrum Juelich GmbH 许可转自 P. Biedermann，T. Grube，B. Höhlein，
Methanol as an energy carrier，Schriften des Forschungscentrum
Jülich/Energy Technology，vol. 55，（2006）. ISSN 1433-552

　　人们研究了用于不同燃料制氢的各种催化剂，其中最主要的是甲醇水蒸气重整：

$$CH_3OH + H_2O \longrightarrow CO_2 + 3H_2 \qquad (8.10)$$

　　该反应最受关注的催化剂（见任务 8.5）是含铜催化剂，与用于甲醇合成反应的催化剂相似。

　　举个甲醇重整反应的例子，我们把 J. P. Breen 和 J. R. H. Ross 的某些研究成果看做开发燃料电池动力船的项目的一部分，这个例子说明在开发这种催化剂的过程中需要考虑一些重要参数 ["Methanol reforming for fuel-cell applications：development of zirconia-containing Cu-Zn-Al catalysts"，Catal. Today，51（1999）521-33]。特别是我们证明了，做这些工作时，相应的热力学计算是很重要的。图 8.9 显示了分步沉淀 Cu-ZnO-ZrO_2-Al_2O_3 催化剂的典型活性数据与反应温度的函数关系，并将它们与热力学计算的浓度进行比较（见拓展阅读 8.5），一种情况不能生成 CO（标记为 m 线），另一种能够生成 CO（标记为 n 线）。可以看出，甲醇在温度低至 130℃ 时就开始转化，到 340℃ 时完全转化。如果没有 CO 生成，氢在产物中最高占比略低于 70%，而相应的 CO_2 含量约为 23%（平衡的 H_2O 未显示）。在甲醇转化率为 100%（约 340℃）时，氢和二氧化碳含量的实验测定值接近热力学计算值（见拓展阅读 8.5），之后随着温度的升高，测定值略有下降；两种产物的浓度远高于平衡组分中含有 CO 的情况。因此，甲醇水蒸气重整制氢的主要反应方程式为式(8.10)，而水-气变换的逆反应：

$$CO_2 + H_2 \rightleftharpoons CO + H_2O \qquad (8.11)$$

仅在甲醇转化率接近 100% 的时候发生[11]。

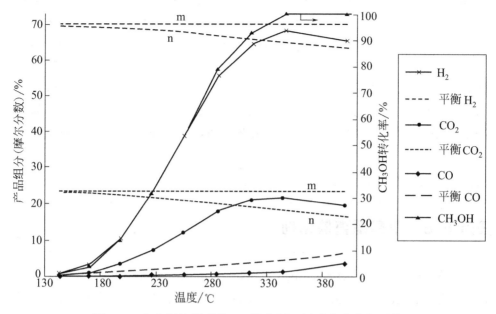

图 8.9　分步沉淀得到的 Cu 催化剂上甲醇的水蒸气重整

对于分步沉淀得到的 $Cu-ZnO-ZrO_2-Al_2O_3$ 催化剂，反应温度对产物组分的影响。得到的数据与热力学预期的产品混合物进行比较，线 m 为产物不含 CO，线 n 为产物含 CO［反应条件：$H_2O/CH_3OH = 1.3$，$p = 101kPa$，$W/F = 0.00259g/(min \cdot cm^3)$］。经 Elsevier

许可转自 J. P. Breen，J. R. H Ross，Catal. Today，51 (1999) 521-533

⁂ 拓展阅读 8.5　平衡组成的热力学计算

　　人们经常需要知道催化反应中的某个可能存在的反应是否处于平衡状态。在这个课题中，需要知道在甲醇水蒸气重整反应中，逆向水-气变换反应［式(8.11)］是否处于平衡状态。类似的方法可用于判断在甲烷 CO_2 重整过程中该反应是否处于平衡状态，或催化剂上是否有积炭。让我们考虑图8.9中所示的情况。可以采用两种计算方法。一种是用每组实验

---

　　❶　需注意，近期的一项研究采用了相似催化剂，但不是用依次沉淀法而是用共沉淀法制备，得到了甲醇氧化水蒸气重整制氢的催化剂，催化相同的反应，但在反应进料中添加了氧。S. Velu，K. Suzuki，M. Okazaki，M. P. Kapoor，T. Osaki，F. Ohashi，"Oxidative steam reforming of methanol over CuZnAl (Zr) -oxide catalysts for the selective production of hydrogen for fuel cells: Catalyst characterization and performance evaluation"，J. Catal.，194 (2000) 377-384.

条件下测定的反应物和产物的分压来计算反应中的表观平衡常数，再与计算得到的热力学平衡常数值相比较。另一种是计算每次甲醇转化的平衡组成（可在水汽变换达到平衡时得到），并将其与实验数据比较。图 8.9 中的平衡组成是利用一个简单的热力学计算机程序 HSC Chemistry（www. outotec. com）得出的，该程序能根据任何一组进口压力和反应温度计算出平衡组成。这样，通过甲醇转化率以及水、氢气和二氧化碳（如果没有 CO 形成）的分压就能计算出进口浓度。类似方法也被用于计算在各反应阶段中可能存在的稳定的催化剂体相，比如在甲烷与 CO_2 的反应中碳化物是否可以保持稳定。

任务 8.5　甲醇重整催化剂

C. Song［"Fuel processing for low-temperature and high-temperature fuel cells-Challenges and opportunities for sustainable development in the 21st century"，Catal. Today，77（2002）17-49］和 A. F. Ghenciu［"Review of fuel processing catalysts for hydrogen production in PEM fuel cell systems"，Curr. Opin. Solid State Mater. Sci.，6（2002）389-399］在综述中提到过将甲醇水蒸气重整反应的催化剂用于燃料电池，以这些综述为出发点查阅有关甲醇水蒸气重整催化剂的文献，特别要留意有关催化剂配方的重大进展，以及关于反应机理的观点。

8.2.4　甲醇转化为其他产品

由于在 3.4.2 节中讨论过甲醇氧化制甲醛的方法（图 8.1，反应 8），这里我们将不再讨论。值得一提的是，在过去，甲烷直接转化为甲醛得到了极大关注。然而，尽管这个过程号称空时产率高，但转化率和选择性都很低[12]。如果这一转化或甲烷到甲醇的直接转化能获得高收率（两个反应都是热力学有利的，但完全氧化为 CO 和 CO_2 的平行反应阻碍了

---

[12]　在其他领域中，在由 J. H. Lunsford 撰写的一篇很有价值的引用数很高的综述中讨论了甲烷到甲醛的转化。"Catalytic conversion of methane to more useful chemicals and fuels：a challenge for the 21st century"，Catal. Today，63（2000）165-174.

这个过程的应用），那么，比起当前使用的间接转化，这些转化会有很大的经济优势。

甲醇转化为汽油（MTG）的基本原理是甲醇在 Mobil 的 ZSM-5 沸石上转化为高级烃（图 8.1，反应 9）[13]。由于阿拉伯石油禁运，引发了能源危机，使得这一工艺得以发展，唯一的工厂建在新西兰，该工厂自 1985 年建立后只运行了短暂的时间。C. D. Chang 在"MTG Revisited"〔Natural gas conversion，A. Holmen，K.-J. Jens，S. Kolboe（Eds.），Stud. Surf. Sci. Catal. 61（1991）393-404〕中详细描述了该工厂及其运行情况，同时也对该过程的机理发表了自己的看法。本质上，该反应有两个步骤：首先甲醇和二甲醚混合物转化为烯烃（以丙烯为主），随后烯烃转化为更高碳的烃，包括芳烃。该过程的本质是沸石的酸性（由表面存在的酸性 Si-OH$^+$—Al 基团所产生）导致表面碳烯（CH$_2$=）形成，表面碳烯随后插入到 C—O 键中

$$
\text{(结构式)} \xrightarrow{-ROH} \text{(结构式)} \tag{8.12}
$$

或经过甲基化：

$$
\text{(结构式)} \longrightarrow \text{(结构式)} \tag{8.13}
$$

一旦第一个 C—C 键形成，插入反应便会继续进行，从而不断形成其他产物[14]。但这一工艺的经济效益甚微，所以并不能激励人们在其他地方建造类似工厂；事实上，据报道，现在新西兰的工厂只用于生产甲醇。然而值得注意的是，现在 Lurgi 提供了一种该工艺的变体[15]，用于生产丙烯（甲醇制丙烯，MTP）。在 Lurgi 工艺中，粗甲醇在 DME（二甲醚）预反

---

[13] 该主题的第一个出版物发表于 1977 年：C. D. Chang，A. J. Silvestri，J. Catal.，47 (1977) 249。

[14] 有关这一机理的更多细节，读者可以参考本文上面提到的 Chang 的论文以及其参考文献中引用的论文。该机理的关键也是 ZSM-5 分子筛的开放孔结构。

[15] 参见脚注[10]。

应器中先部分转化为二甲醚混合物，而后在 400～450℃的水蒸气中，该混合物在"选择性裁切的沸石"上进一步转化。丙烯是一种重要的化工中间体，且其成本越来越高，如果可以得到廉价的甲醇，这个工艺还是有很大经济利益的。下面的章节中，我们将简要讨论图 8.1 所示的其他制备烯烃的方法。

8.3 原油转化催化

20 世纪初，化学工业主要以煤炭作为主要原料，只是随着美国以及后来中东和欧洲原油供应增加，现代石油和石油化工才进入自己的发展阶段。石油工业是目前世界上最大的行业，能满足世界能源的大部分需求，并提供大多数石化中间体，参与现在很多常见商品的生产过程：聚合物，医药，染料等。催化在石油工业几乎所有的过程中都起着十分重要的作用，目前许多工艺都已相当完善，所以在过去的 20～30 年中，相对于其他领域，人们对于这些工艺的研究兴趣明显减少。然而，提高工艺效率仍然非常重要，因为哪怕仅能提高一点工艺效率，也能够大量减少原油消耗，从而创造出巨大的经济效益。

本节不会对这一庞大的领域进行全面介绍，旨在强调一些重要反应的特点，并指导进一步的阅读。

8.3.1 原油蒸馏和原料净化

图 8.10 为典型炼油厂的汽油精制过程示意图。该流程的进料——原油，从左侧进入，在这里通过蒸馏和真空蒸馏分离成从气体到沥青的各种不同的馏分。由于原油来源不同，所含成分和杂质也不尽相同，因此每个炼油厂都有所区别。图 8.10 所示的炼油厂中，几种馏分的蒸气通过 Merox 单元脱除硫醇。由 UOP（http://en. wikipedia. org/wiki/Merox/）引入的 Merox 工艺，通过硫醇与碱反应得到有机二硫化物，然后再从系统中被去除。其他蒸气中的硫（见 8.3.2）通过加氢处理去除。存在于原油气相中或加氢处理产物中的硫化氢，用胺清洗除去，而后在 Claus 装置中转化为硫磺（http://en. wikipedia. org/wiki/Claus_process/）。如拓展阅读 8.6 中所讨论的，为满足更严格的要求，还使用 Super-Claus 工艺将残余的硫化氢选择性氧化成硫（见拓展阅读 8.6 中给出的参考文献）。

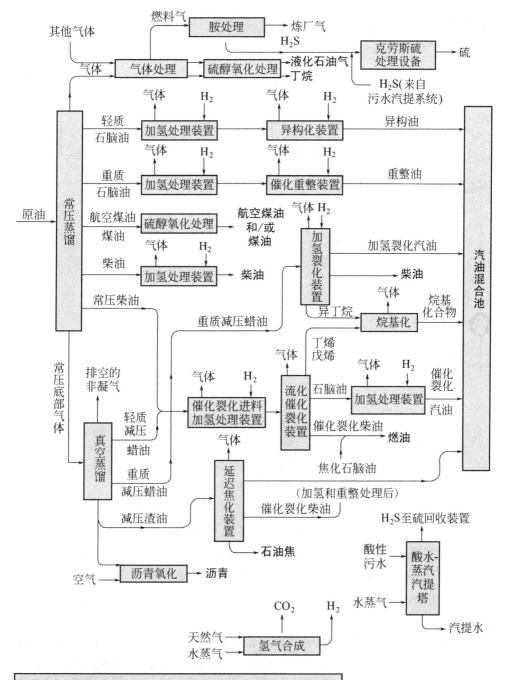

图 8.10 典型炼油厂的汽油精制过程示意图

来源：http://en.wikipedia.org/wiki/File：RefineryFlow.png

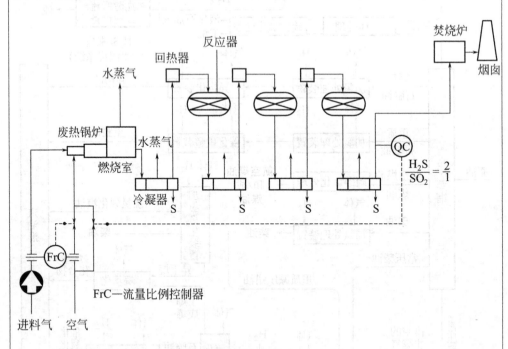

上图所示的 Claus 过程的本质的反应是：

$$2H_2S + SO_2 \Longrightarrow 3S + 2H_2O$$

这一反应可以由氧化铝和二氧化钛催化。

反应所需的 SO_2 在预燃烧器内通过如下反应制备：

$$2H_2S + 3O_2 \longrightarrow 2SO_2 + 2H_2O \tag{8.14}$$

因此整个反应是：$2H_2S + O_2 \longrightarrow S_2 + 2H_2O$

第一个反应受到平衡的限制，转化率仅为 95% ～98%，在气流中留下了较高浓度的 H_2S。因此，许多 Claus 工厂已经用 Super-Claus 反应器改装，反应器中含有 α-氧化铝负载的浸渍铁和铬氧化物的催化剂。该催化剂主要是在 200～300℃ 把残留 H_2S 选择性氧化为硫，而不会进一步氧化为 SO_2，效率高达 99%。

参考：P. F. M. T. van Nisselrooy，J. A. Lagas，SUPERCLAUS reduces SO_2 emission by the use of a new selective oxidation catalyst，Catal. Today，16 (1993) 263-271。

来源于 Catal. Today 16 (1993) 265 并获得 Elsevier 的同意。

任务 8.6 Super-Claus 过程的催化剂

利用拓展阅读 8.6 中 van Nisselrooy 和 Lagas 的论文，查阅最新文献，查找其他已发表的用于 Super-Claus 工艺的高活性催化剂。

注：在 Scopus 中，你会发现这些作者的署名是 van Nisselrooya 和 Lagasb！

8.3.2 加氢处理

在多个用氢处理原油馏分的工艺中，都出现了图 8.10 中的"加氢处理"（hydrotreating）这个术语。这些工艺主要分为两种[16]。第一种是"加氢精制"，可从原料分子中除去硫，氮，氧和重金属（如 Ni，V，As 等），相应的处理过程称为加氢脱硫（HDS）、加氢脱氮（HDN）、加氢脱氧（HDO）和加氢脱金属（HDM）。去除这些成分，能够改善产物油品的性能，减少燃烧时产生的污染；可以进一步催化处理产品而不污染所使用的催化剂。第二种是"加氢转化"，在诸如氢化（HYD）、加氢脱芳烃（HDA）、异构化（ISM）、加氢裂化（HCG）等过程中改变被处理分子的分子量和结构。我们首先简要介绍加氢脱硫过程，然后讨论几种不同的加氢转化过程。

任务 8.7 HDS 过程的活性位

Grange 和 Vanhaeren[16] 列出了大约 37 篇 1957 年以来出版的加氢处理方面的综述。用部分或全部综述作为搜索词在 Scopus 或 Web of Science 上搜索，找到一些最近的综述并以表格形式列出，然后简单介绍每个综述的内容。根据 Grange 和 Vanhaeren 的综述和最近的一些综述，讨论用于 HDS 过程的催化剂中各种假设的活性位模型。

在各种有关加氢精制的文献中，最受关注的是加氢脱硫。加氢脱硫催

---

[16] 例如参见：P. Grange，X. Vanhaeren，"Hydrotreating catalysts, an old story with new challenges"，Catal. Today，36（1997）375-391。

化剂一般基于钴/钼/氧化铝系统，通常使用预成型的 $\gamma\text{-}Al_2O_3$ 挤条，通过简单的浸渍方法制备，例如使用硝酸钴或甲酸盐和钼酸铵溶液浸渍。噻吩是最简单的用于模型研究的含硫分子。Hargreaves 和 Ross 使用典型的含 Co 和 Mo 的预硫化催化剂，研究了噻吩和四氢噻吩的 HDS 的相对比率，也研究了丁二烯和 1-丁烯的加氢[17]的相对比率，结果如图 8.11 所示。作者认为，首先生成 1-丁硫醇（即脱硫前开环）的并行机理不明显，他们认为主要先是吸附的噻吩双键加氢，然后吸附的四氢噻吩 C—S 键断裂得到主要初步产品 1-丁烯。将这些结论与早期 Amberg 及其同事得出的结论进行比较，他们认为在这一过程中 1-丁硫醇的生成是第一步[18]。但两组结论的差异可能主要由于两个研究的实验条件不同。虽然这项工作是 30 多年前进行的，但人们仍在讨论其表面反应顺序。例如，Henrik Topsøe 和他在 Haldor Topsøe 的同事写了大量关于 HDS 反应的文献，对于在理想 MoS_2 表面上各种可能的表面步骤产生的能量，进行了一系列计算：见任

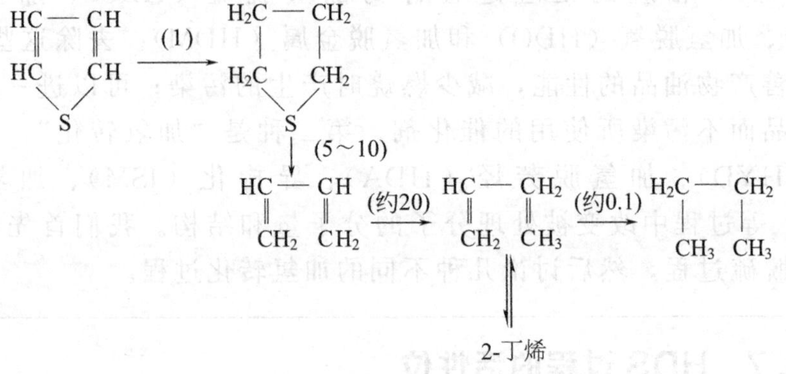

图 8.11　噻吩加氢生成丁烯和丁烷的反应步骤

箭头上给出了相对反应速率，催化剂含 4.9%（质量分数）CoO 和 11.6%（质量分数）MoO_3，

其余为 $\gamma\text{-}Al_2O_3$，催化剂在 573K，H_2S 气氛中预硫化 17h，然后在 521K 通 H_2 1h

这个反应步骤来自 Hargreaves 和 Ross：脚注[17]中的文献。得到 Elsevier 的授权使用

---

[17]　A. E. Hargreaves，J. R. H. Ross，"An investigation of the mechanism of the hydrodesulfurization of thiophene over sulfided Co-Mo/Al_2O_3 catalysts. Ⅱ. The effect of promotion by cobalt on the CeS bond cleavage and double bond hydrogenation/dehydrogenation activities of tetrahydothiophene and related compounds"，J. Catal.，56（1979）363-376.

[18]　例如参见：P. Dekisan，C. H. Amberg，"Catalytic hydrodesulfurization of thiophene. 5. Hydrothiophenes.Selective poisoning and acidity of catalyst surface"，Canad. J. Chem.，42（1964）843。

务 8.8。加氢脱氮（HDN）和加氢脱金属（HDM）过程和加氢脱硫过程非常相似，尽管使用的催化剂可能略有不同。例如，HDN 经常使用 Ni-Mo-Al$_2$O$_3$ 催化剂，而 HDM 需要大孔催化剂以防止被孔内金属杂质沉积而严重污染。

任务 8.8　脱硫机理的计算模拟

对于在 MoS$_2$ 活性位上噻吩加氢脱硫的各步骤，Moses 等人进行了一系列计算模拟，并展示了 S 和 Mo 边缘位上各种可能步骤的相对重要性，如下图所示：

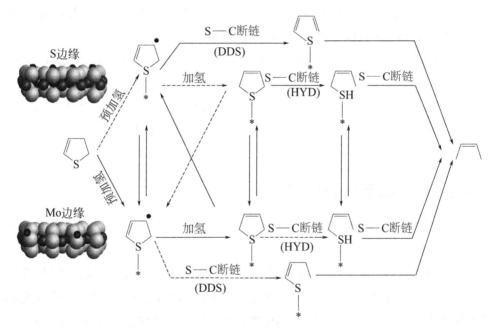

在对原论文的勘误中，他们指出在图顶部 S 边缘位上 S—C 的断裂（DDS 直接脱硫）过程比底部 Mo 活性位上 HYD 的（加氢）过程更重要。因此，主要过程很可能是先在 Mo 边缘活性位预氢化，然后传递到 S 边缘活性位，S—C 键在这些位置断裂。通过论文主体部分的参考文献了解研究背景以及其中讨论的活性位几何学证据。

• P. G. Moses，B. Hinnemann，H. Topsøe，J. K. Nørskov，"The hydrogenation and direct desulfurization reaction pathway in thiophene hydrodesufurization over MoS$_2$ catalysts at realistic conditions：A density functional study"，

J. Catal., 248 (2007) 188-203.

• P. G. Moses, B. Hinnemann, H. Topsøe, J. K. Nørskov, Corrigendum to the previously cited paper, J. Catal., 260 (2008) 202-203.

（注：虽然一些读者可能觉得很有益，但并不建议你理解所使用模拟计算方法的全部细节）

图的复制得到了 Elsevier 的许可。

任务 8.9　HDS、HDN 和 HDM 催化剂和工艺

以下面由 E. Furimsky 和 F. E. Massoth 撰写的综述为起点，查阅关于 HDS、HDN 和 HDM 催化剂和工艺的文献：

"Deactivation of hydroprocessing catalysts", Catal. Today, 52 (1999) 381-495.

你也应留意由相同作者撰写的关于 HDN 的最新文章："Hydrodenitrogenation of petroleum", Catal. Rev., 47 (2005) 297-489.

8.3.3　轻质石脑油异构化

轻质石脑油（参见图 8.10）包含一小部分丁烷和大量的正戊烷和正己烷馏分。由于辛烷值低，作为燃料添加剂的价值相对较小[19]。然而，如果它们分别异构化为 2-甲基丁烷和 2,2-二甲基丁烷，辛烷值就能达到 99 和 89。引入异构化步骤是为了实现这样的异构化反应。烯烃的异构化相对容易实现，而烷烃并非如此。因此，使用的催化剂需要具备两个功能：脱氢/加氢和异构化。前一种功能通常利用贵金属组分，特别是 Pt 得以实现，后一种功能通常要使用固体酸材料来实现。因此称为"双功能催化剂"。早期的双功能催化剂包括由 Pt 改进的强酸，如 $AlCl_3$，但因环境原因这些催化剂已被淘汰；最近全面投入使用的诸如氧化铝、氧化硅-氧化

---

[19] 辛烷值（RON）能反映出在内燃机内含氧时，在达到燃烧条件前，分子抵抗反应的相对能力。低辛烷值的分子会"爆震"，而高辛烷值的分子则不会。异辛烷分子（2,2,4-三甲基戊烷）的辛烷值定为 100。在过去，会添加某种分子（如四乙基铅）到混合物中以防止爆震，但这种做法早在几十年前就被淘汰了。

铝、沸石和硫酸化氧化锆等其他酸性材料，也都是由 Pt 改进的。正戊烷异构化的双功能催化剂的催化过程如下[20]：

$$nC_5H_{12} \longrightarrow nC_5H_{10} + H_2 \qquad \text{（基于 Pt）} \qquad (8.15)$$

$$nC_5H_{10} + H^+ \longrightarrow nC_5H_{11}^+ \qquad \text{（基于固体酸）} \qquad (8.16)$$

$$nC_5H_{11}^+ \longrightarrow iC_5H_{11}^+ \qquad \text{（基于固体酸）} \qquad (8.17)$$

$$iC_5H_{11}^+ \longrightarrow iC_5H_{10} + H^+ \qquad \text{（基于固体酸）} \qquad (8.18)$$

$$iC_5H_{10} + H_2 \longrightarrow iC_5H_{12} \qquad \text{（基于 Pt）} \qquad (8.19)$$

异构化反应一般在氢存在的条件下进行，能较长时间地保持催化剂的活性，从而无需由于结焦而频繁再生。需要时，用蒸汽和空气的混合物将碳烧掉。

任务 8.10　烃类异构化中 Mo 的碳化物催化剂的使用

以脚注[20]的参考文献作为出发点，查找 Mo 的碳化物催化剂在烃类的异构化中的潜在应用。

8.3.4　重质石脑油重整

重质石脑油是原油馏分的一部分，沸点约在 70～200℃，主要成分是烷烃和环烷烃，也可能含有少量芳烃。这个混合物的辛烷值相对较低，因此重整过程的目的是通过混合物的不同反应，如脱氢、异构化和脱氢环化（通过脱氢环闭合增加芳烃含量），增加其辛烷值，以及通过加氢裂化降低较大分子的链长。正如上文论述的异构化反应过程，所使用的催化剂必须同时具备脱氢的功能以生成烯烃，以及酸的功能以催化异构化反应；金属也能使一些较大分子先有限裂解再异构化。人们已经发表了很多文献探讨石脑油重整催化剂、反应流程及工艺，研究这一领域的文献非常丰富。Bond 在其经典著作 "Metal catalysed reactions of hydrocarbons"（Springer 2005）中提到，诸如 Pt-Sn、Pt-Ir 和 Pt-Re 等双金属催化剂已经广泛应用于烃重整中，建议读者精读该书并全面了解该领域。人们普遍认为，加入金属助剂的主要功能是稳定小的 Pt 晶粒，从而减少积炭。与

---

[20]　该过程引自一篇由 Y. Ono 撰写的关于该主题的优秀综述："A survey of the mechanism in catalytic isomerization of alkanes"，Catal. Today，81（2003）3-16。

轻质石脑油异构化一样，这种催化剂也需要定期再生。完成任务8.11，读者能更深刻地理解这一领域。

任务 8.11　双金属重整催化剂

以下是在1980年前后发表的有关该领域的两篇重要文献：

• F. M. Dautzenberg，J. N. Helle，P. Biloen，W. M. H. Sachtler，"Conversion of n-hexane over monofunctional supported and unsupported PteSn catalysts"，J. Catal.，63（1980）119-128.

• V. Ponec，"Catalysis by alloys in hydrocarbon reactions"，Adv. Catal.，32（1983）149-214.

以这些文献为出发点，查阅这些作者（以及其他提到或引用这些文章的作者）写的关于双金属催化剂上烃类反应机理的文献。查找以下作者：J. H. Sinfelt，J. K. A. Clarke，R. Burch，必要时继续搜索这些名字。列出研究过的催化剂，并了解这些催化剂的反应机理以及合金对炭沉积动力学的影响。

8.3.5　流化催化裂化（FCC）

催化裂化是目前石油炼制工业最重要的过程，因为它能够使原油中相对较高分子量的馏分转化为高辛烷值燃料。在其早期发展期间（http://en. wikipedia. org/wiki/Fluid_catalytic_cracking/），人们使用Friedel Crafts催化剂（$AlCl_3$），但使用这种催化剂的工艺昂贵。1922年，法国人E. J. Houdry和E. A. Prudhomme建立了一家工厂，该工厂以褐煤为原料，以Houdry发现的含二氧化硅-氧化铝的漂白土为催化剂，每天生产60t石油。接下来的工作重心转移到了石油转化方面，1930年，真空石油公司（the Vacuum Oil Company）邀请Houdry到美国，他先在真空石油公司和纽约标准石油公司（美孚石油公司）联合创办的Socony-Vacuum Oil公司工作，这个公司开办了第一家工厂，日产量达32000L。然后，他又与太阳石油公司合作，1936年在新泽西Paulsboro运行了第一个示范装置，产量是Socony-Vacuum Oil公司的十倍。到1940年，已有14套装置在运行，这些装置是固定床半间歇系统。正如我们所知，催化裂化工艺来自于一个联合会团体，催化研究协会（Catalytic Research Associates，

CRA），由新泽西标准石油、印第安纳标准石油、英伊石油、德克萨斯石油、壳牌、M. W. 凯洛格、环球石油产品（UOP）和法本公司组成，这是在大萧条前基于新泽西标准石油公司的工作建立的。由 M. W. 凯洛格公司建造的第一个基于新技术的工厂，于 1940 年在路易斯安那州的新泽西标准石油公司（后来的埃克森美孚石油公司）巴吞鲁日炼油厂开始生产❹。在北美催化协会的网站 http://www. nacatsoc. org/edu _ info. asp 能看到更多重要的历史发展细节。

图 8.12 是典型的现代流化催化裂化装置示意图，展示了其外围设备

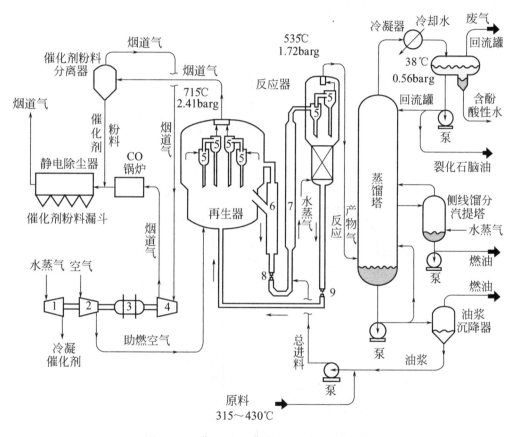

图 8.12　典型的现代化 FCC 装置示意图

1—启动蒸气轮机；2—空气压缩机；3—电动机/发电机；4—涡轮膨胀机；5—旋风分离器；

6—催化剂回收装置；7—催化剂提升管；8—再生催化剂滑阀；9—废催化剂滑阀

转载自 Wikipedia：http://upload. wikimedia. org/wikipedia/commons/9/95/FCC. png

❹　在不列颠战役期间，早期工厂生产的高辛烷值燃料提供给了英国皇家空军使用，人们认为，高辛烷值燃料卓越的性能帮助了战斗的胜利。

以及反应器，而图 8.13 更详细地展示了中央"提升管"反应器（5.5 节中已简要描述过提升管反应器）。新鲜催化剂加入到发生酸催化裂化反应的提升管部分。然后将裂解产品移到旋风管中进行下一步加工。之后将此时含有大量焦炭的催化剂送入再生器与助燃空气发生反应烧掉焦炭（这一阶段也可以在再生器内添加其他添加剂，包括脱 NO_x 成分，用于除去生成的 NO_x；参考任务 8.12 中 Harding 等人的参考文献）。再将再生催化剂放回提升管反应器中，同时添加一些新鲜催化剂。裂化反应的催化剂除了要具有高活性外，还必须具有高强度，在流化床内抵抗磨损，为此，要添加许多其他成分，见任务 8.12。

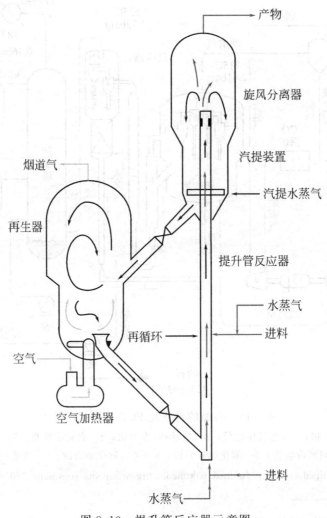

图 8.13 提升管反应器示意图

不同深浅的粗箭头分别表示烃、催化剂和空气/燃料气

任务 8.12　FCC 催化剂

如今的 FCC 催化剂是在沸石材料中加入各种黏结剂和助剂制成的。在 P. O'Connor、P. Imhof 和 S. J Yanik 撰写的文章 "Catalyst assembly technology in FCC，Part 1. A review of the concept，history and developments"，in：M. L. Occelli，P. O'Connor（Eds.），Studies in Surface Science and Catalysis，131（2001）299-310 以及 R. H. Harding、A. W. Peters、J. R. D. Nee 撰写的文章 "New developments in FCC catalyst technology"，Appl. Catal. A General，221（2001）389-396 中可以找到有关该工艺催化剂发展的大量信息。通过这些文章，了解更多该工艺所用催化剂的类型、活性位特点和功能，并了解可用来改善该工艺的环境等方面问题的添加剂。

良好的催化裂化催化剂的表面必须存在强的酸性位，酸性位能够引发形成碳正离子，并进一步反应形成新的碳正离子：

$$R-CH_2-CH_3 + H^+ \longrightarrow R-\overset{H}{\underset{H\ \ \ H}{C^+}}-CH_3 \longrightarrow R-\overset{}{\underset{H}{C^+}}-CH_3 + H_2$$

$$(8.20)$$

碳正离子能够以多种方式进一步反应，包括氢转移反应：

$$R-\underset{H}{\overset{}{C^+}}-CH_3 + R'CH_2-CH_3 \longrightarrow RCH_2-CH_3 + R'C^+H-CH_3 \quad (8.21)$$

C—C 键断裂：

$$CH_3-CH^+-CH_2-R'' \longrightarrow CH_3-CH=CH_2 + R''^+ \qquad (8.22)$$

以及异构化[22]：

$$CH_3-CH^+-CH_2-CH_2-CH_2-CH_2-CH_3 \longrightarrow CH_3-CH_2-CH^+-\underset{CH_3}{\overset{}{CH}}-CH_2-CH_3$$

$$(8.23)$$

碳正离子一旦形成，就会引发链反应，发生烃裂解和异构化（优先形

---

[22]　酸性催化剂的异构化过程与双功能催化中发生在酸性载体上的情况很相似。

成热力学更稳定的含仲碳原子和叔碳原子的产品），从而提高产品的辛烷值。关于 FCC 工艺的更多细节，读者可以参考有关石油精炼工艺的优秀教材。

8.4 石油化工产品和工业有机化学

石油化工产品和工业有机化学范围很广，还包括了药物应用，本书只简要介绍一些参考文献，学生们可以继续跟进这些文献。过去，人们常用均相反应制造有机化学品，却很少考虑到环保等因素。例如，人们根据化学计量结果使用化学计量试剂进行氧化，例如过锰酸盐和重铬酸盐。因此，目前人们非常关注用多相催化工艺代替有潜在污染的技术。

任务 8.13　丁烷制备马来酸酐

丁烷选择氧化制马来酸酐是催化氧化的典型例子：

$$2C_4H_{10}+7O_2 \longrightarrow 2 \ \overset{O}{\underset{O}{\big|}} \cdots + 8H_2O \tag{8.24}$$

这个反应采用了特殊制备的磷酸钒作为催化剂，在文献中有大量的研究和讨论。可以通过 G. J. Hutchings, C. J. Kiely, M. T. Sananes-Schultz, A. Burrows, J. C. Volta 撰写的 "Comments on the nature of the active site of vanadium phosphate catalysts for butane oxidation", Catal. Today, 40 (1998) 273-286 （参见拓展阅读 5.6）了解该领域。

任务 8.14　精细化学品生产中的氧化催化剂

建议你阅读以下有关氧化催化反应的综述：

• R. A. Sheldon, "Heterogeneous catalytic oxidation in the manufacture of fine chemicals", in: M. Guisnet et al. (Eds.), Heterogeneous Catalysis and Fine Chemicals, II, Stud. Surf. Sci. Catal., (1991) 33-54.

• R. A. Sheldon, J. Dakka, "Heterogeneous catalytic oxidations in the manufacture of fine chemicals", Catal. Today, 19 (1994) 215-245.

• R. A. Sheldon, I. W. C. E. Arends, A. Dijksman, "New developments in catalytic alcohol oxidation", Catal. Today, 57 (2000) 157-166.

你也应该在 Scopus 或 Web of Science 上搜索这些文献，以找到其他相关文献。

在过去的几十年中，另一组得到极大关注的氧化反应是低碳烷烃如丙烷的选择性氧化-脱氢：

$$C_3H_8 + 1/2O_2 \longrightarrow C_3H_6 + H_2O \tag{8.25}$$

丙烯是一种重要的工业中间体，可用于生产聚丙烯，通常先通过低碳烷烃的非催化裂解形成乙烯和丙烯的混合物，再进而得到丙烯。由于对两者的需求，特别是对丙烯的需求在增加，人们在寻找丙烯的其他来源，包括液化石油气中的丙烷馏分。反应(8.25)由一系列氧化物催化；然而，大多占主导地位的是非选择性氧化得到 CO_2 和 H_2O，虽然使用不同的催化剂能获得更多丙烯，然而，丙烯的转化率仍然很低，产率也还没有竞争优势。下面的文章讨论了钒基催化剂上的反应，可在此基础上更全面地研究文献：

T. Blasco, J. M. López Nieto, "Oxidative-dehydrogenation of short-chain alkanes on supported vanadium oxide catalysts", Appl. Catal., A (General), 157 (1997) 117-142.

许多工业有机反应涉及选择性还原反应。这些反应既可采用均相催化法也可采用多相催化法进行。多相催化法应用的范围非常广泛，包括生产人造奶油和炔烃加氢制烯烃等。以下是这两个应用的来源：

• B. Nohair, C. Especel, G. Lafaye, P. Marécot, L. C. Hoang, J. Barbier, "Palladium supported catalysts for selective hydrogenation of a sunflower oil", J. Mol. Catal., A (Chemical), 229 (2005) 117-126.

• A. Borodziński, G. C. Bond, "Selective hydrogenation of ethyne in ethene-rich streams on palladium catalysts. Part 1: Effect of changes to the catalyst during reaction". Catal. Rev. -Sci. Eng., 48 (2006) 91-144.

在精细化工应用中，经常需要反应有对映选择性，以便生成其中一种立体异构体。下面的论文便是该领域的例子：

• H. -U. Blaser，C. Malan，B. Pugin，F. Spindler，H. Steiner，M. Studer，"Selective hydrogenation for fine chemicals: recent trends and developments"，Adv. Syn. Catal.，345（2003）103-151.

• H. -U. Blaser，H. -P. Jalett，M. Müller，M. Studer，"Enantioselective hydrogenation of aketones using cinchona modified Pt catalysts and related systems: A review"，Catal. Today，37（1997）441-463.

• H. -U. Blaser，"Heterogeneous catalysis for fine chemicals production"，Catal. Today，60（2000）161-165.

同一小组的另一篇综述不仅描述了选择加氢，还提到了氢解、脱氢和氧化：H. -U. Blaser，A. Indolese，A. Schnyder，H. Steiner，M. Studer，"Supported palladium catalysts for fine chemicals synthesis"，J. Mol. Catal.，A（Chemical），173（2001）3-18。

还有一个作者 A. Baiker（ETH Zürich）也常年活跃在这一领域，他不仅对对映选择性加氢很感兴趣，对许多其他领域的兴趣也相当浓厚。

8.5 环境催化

环境催化在日常生活中已非常重要，对于街头的大多数人来说，"催化"只是用来控制汽车尾气的排放。其实，它还有许多其他用途，如控制发电站的排放，消除挥发性有机污染物（VOCs）和 CO 以及通过光催化消除水中的污染物。在环境催化控制排放的早期阶段，这类文章还比较少，后来才出现了专门的杂志，尤其值得关注的是于 1992 年首次出版的 Applied Catalysis B（Environmental）。一些公司也率先开始控制排放，如 Engelhard（现 BASF 的一部分，http://www.catalysts. basf. com/main/）和 Johnson Matthey（http://www.matthey.com/）。后一个公司多年来一直出版自己的杂志，现在只有电子版：Platinum Metals Review[23]；这个杂志包含了许多高质量的综述，总结

---

[23] 在 http://www. platinummetalsreview. com/dynamic/volume/archive/中可以找到全部金属铂综述的档案。这是了解贵金属在各方面，尤其是催化方面用途的宝贵资源，其中还有大量有关该领域的有价值的综述。但由于文章之间没有联系，你最好回到搜索页查找每篇文章。

了过去 40 年中各阶段的工艺状况，虽然它是公开的"内部刊物"，但它仍然是很好的背景材料资源。例如，由 H. Windawi 和 M. Wyatt 撰写的文章"Catalytic destruction of halogenated volatile organic compounds：Mechanism of platinum catalyst systems"［Plat. Metals Rev.，37（1993）186-193］非常详细地介绍了该活跃的领域，并列出了 VOC 控制在其他方面对同一期刊的早期贡献。

8.5.1　NO$_x$ 的选择性还原[24]

以氨作为还原剂，采用选择性催化还原（SCR）法对硝酸厂和发电站 NO$_x$ 的排放进行催化控制是人们几十年来一直都很感兴趣的课题，并在此基础上建立了很多商业化流程；见拓展阅读 8.7。这种催化剂由 TiO$_2$ 负载的 V$_2$O$_5$ 组成，通常被涂覆到蜂窝陶瓷基体上。这些蜂窝陶瓷催化剂被安装在一个更大的结构中，如图 8.14 所示。根据被处理气体中 NO$_x$ 的含量，将适量的氨按照化学计量加入到系统中。转化率接近 100%，且氮的选择性也是 100%。这种装置的主要问题是氨会"溢出"（未反应的氨排放），所以控制氨的加入量尤为关键。

拓展阅读 8.7　SCR 催化剂制造商

某网站介绍了商业催化体系的例子，该体系利用 CRI 催化剂公司（CRI Catalyst Company）（隶属壳牌集团）生产的氨进行选择性还原，请参见网址：http：//www. cricatalyst. com/home/content/cri _ catalyst/catalysts/scr _ catalyst/。其他公司制造的氨还原 NO$_x$ 系统请参见以下网址：www. basf. com/；www. coalogix. com/；www. ducon. com/；www. etecinc. net/；www. topsoe. com/；www. peabodyengineering.com/；www. seiler.co.at/；www. tenviro.com/ 和 www.zeeco.com/。

人们经常讨论以二氧化钛负载氧化钒为催化剂，用氨作为还原剂的 SCR 反应的机理，见拓展阅读 3.7。图 8.15 也许能从机理上解释目前为止得到的数据。活性位有两种类型：一种是在上面发生氧化-还原（从 V^{5+} 到 V^{3+} 再到 V^{5+}），另一种与 V^{5+} 活性位的酸功能有关。

---

[24]　NO$_x$ 是 NO 氧化形成的混合物，但多数情况下主要是 NO。

H. Bosch 和 F. J. J. G. Janssen 撰写了最早的 NO/NH$_3$ SCR 领域的综述："Catalytic reduction of nitric oxides: A review", Catal. Today 2（1988）No. 2[*]。你可以阅读其他引用过这篇综述的文章。或以下面综述为出发点：由 P. Forzatti 撰写的 "Present status and perspectives in de-NO$_x$ SCR catalysts", Appl. Catal. A（General），222（2001）221-236，深入阅读该领域的文章。

以下是一篇关于 SCR 催化剂的被引次数很高的文章：由 M. D. Amarides, I. E. Wachs, G. Deo, J. -M. Jehng, D. S. Kim 撰写的 "Reactivity of V$_2$O$_5$ catalysts for the selective catalytic reduction of NO by NH$_3$: influence of vanadia loading, H$_2$O and SO$_2$", J. Catal., 161（1996），247-253；同一研究小组的其他文章也被多次引用。他们还研究了用这种催化剂氧化氯代烃：

• S. Krishnamoorty, J. P. Baker, M. D. Amiridis, "Catalytic oxidation of 1, 2-dichlorobenzene over V$_2$O$_5$/TiO$_2$ catalysts", Catal. Today, 40（1998）39-46.

下面这篇综述完整地介绍了如何消除 NO$_x$：V. I. Pârvulescu, P. Grange, B. Delmon, "Catalytic removal of NO", Catal. Today, 46（1998）628。

---

[*]　注：由于在 Science Direct 不能整期下载，你需要分别阅读每个章节。

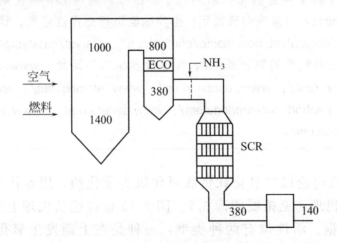

图 8.14　SCR 装置示意图

标注了装置各部位上的典型温度；ECO—节能器

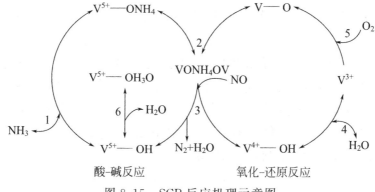

图 8.15　SCR 反应机理示意图

来源：Pârvulescu et al.，Catal. Today，46（1998）233-316。转载经 Elsevier 许可

任务 8.15　SCR 机理

使用拓展阅读 8.8 中的参考文献，查找人们提出的 SCR 机理，判断哪个是最合理的。

8.5.2　汽车尾气处理催化剂

几乎每个人都听说过催化剂可以用于汽车尾气净化器（"催化消声器"）中，这是催化在环境领域最重要的应用，也许也是催化最著名的应用。有趣的是，在过去的几十年中，从最开始美国立法（1970 空气清洁修正案）严格控制排放到现在，随着人们对三效催化剂的要求不断提高（即控制 NO_x、CO 和未燃碳氢化合物），催化剂也开始逐渐发展，参考前文（见脚注㉓）提到的铂金属综述中的文章。拓展阅读 8.9 列举了这些文章。阅读这些文章能使读者更好地了解尾气排放控制应用技术以及燃烧过程的计量对所用催化剂的影响。

图 8.16 显示了用于汽车排气系统的催化剂的两种典型结构：（a）蜂窝陶瓷结构和（b）金属整体结构。整体陶瓷是采用陶瓷技术㉕通过挤出的方法成型的，而整体金属（通常采用 Fecralloy，Fe，Cr，Al 和

㉕　许多使用的基体都是由康宁生产的（http://www.corning.com/environmentaltechnologies/index.aspx），康宁也提供电站用的陶瓷块（参见 8.5.1 节）和柴油过滤器（见下文）。

Y 的合金，源于英国原子能机构的专利）是通过压接工艺制成。这两种方法都需用"洗涂"法在基体上涂覆含有载体和活性组分（见下文）的浆料，然后再进行干燥和焙烧。图 8.17 是两个放大后的经过洗涂的陶瓷基板图像。可以看出，通过洗涂技术，浆料几乎能充满基板的每个角落，孔道几乎成了圆柱形。将处理后的整体结构或蜂窝结构放入位于发动机和传统消声器之间的容器中（见图 8.18）。为了使发动机中的燃料组合在催化作用下发挥出最大作用，需要用传感器在催化剂组件前后谨慎控制整个体系。

拓展阅读 8.9 Platinum Metals Review 中汽车尾气处理的文章

以下是一些 PMR 中关于尾气处理催化剂的文章

• B. Harrison, B. J. Cooper, A. J. J. Wilkins, Development of Rh/Pt three-way catalyst systems, Plat. Metals Rev., 25 (1981) 14-22.

• B. J. Cooper, S. A. Roth, Flow-through catalyst for diesel engine emission control: Pt-coated monoliths reduce particulates, Plat. Metals Rev., 35 (1991) 178-187.

• B. J. Cooper, Challenges in emission control catalysts for the next decade, Plat. Metals Rev., 38 (1994) 2-10.

• M. V. Twigg, Twenty-five years of autocatalysis, Plat. Metals Rev., 43 (1999) 168-171.

G. J. K. Acres 在文章中也提供了一些有用的背景：The development of emission control technology for motor vehicles, Stud. Environ. Sci., 44 (1991) 376-396。

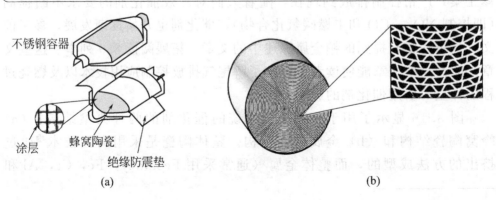

图 8.16 典型的催化转化器（a）和金属蜂窝结构（Emitech GmbH）（b）

来源：J. Kašpar et al., Catal. Today, 77 (2003) 419-449。转载经 Elsevier 许可

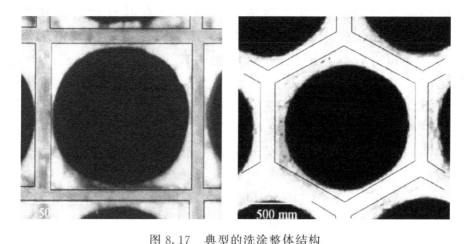

图 8.17　典型的洗涂整体结构

来源：S. Matsumoto，Catal. Today，90（2004）183-190。转载经 Elsevier 许可

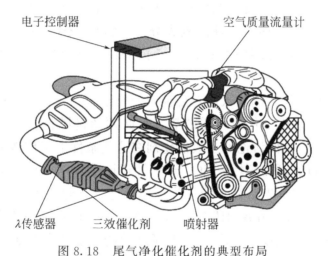

电子控制器　　　　　　　　　　　　　空气质量流量计

λ传感器　　　三效催化剂　　　喷射器

图 8.18　尾气净化催化剂的典型布局

来源：J. Kašpar et al.，Catal. Today，77（2003）419-449。转载经 Elsevier 许可

　　现在我们将简单讨论一下涉及的反应的化学过程以及所使用的催化剂的性质。读者也应该查阅引用的文章以了解更多细节。发动机内的空气燃料比在催化尾气控制系统中至关重要。图 8.19 所示为在不同的空燃比和发动机功率状态下，未燃烧的碳氢化合物浓度、一氧化碳浓度和氮氧化物浓度的变化，图中垂线代表按照化学计量比混合，即燃料 100% 燃烧时所需的组成。如果进料中有过量的燃料气（图的左侧），未燃烧的碳氢化合物的浓度就会增加，同样生成的一氧化碳也会增加。随着空气增加，一氧化碳浓度逐渐下降到零，

未燃烧的碳氢化合物浓度也逐渐降低（一旦有混合物进入稀燃区，后者会再次增加，进入熄火区情况会更糟）。在富燃区，由于温度[26]和氧气浓度相对较低，形成的NO_x相对较少。当气体组成接近化学计量比时，NO_x达到最大值，然后当混合物在稀燃区时，NO_x的值将再次下降。因此，发动机在气体组成接近化学计量比的条件下运行时，三效催化剂降低了排放气体（主要含N_2、CO_2和水蒸气）中NO_x、CO和未燃烧烃的浓度。这时，氧气浓度几乎为零。因此，反应[27]如下：

$$2CO + 2NO \longrightarrow N_2 + 2CO_2$$
$$HC + NO \longrightarrow CO_2 + H_2O + N_2$$
$$2H_2 + 2NO \longrightarrow 2H_2O + N_2$$

（氢气通过未燃烧烃的水蒸气重整反应以及水煤气变换反应产生）。最初的三效催化剂主要为负载在氧化铝上的Pt或Pt/Rh混合物，但近年以负载钯为主，同时也加入一种储氧成分——CeO_2-ZrO_2混合氧化物。有关这些催化剂组成的更多信息，请参考拓展阅读8.10中列举的最新相关综述。

20世纪90年代，随着人们对燃油效率要求更严，汽车制造商开始引进稀燃发动机。发动机工作时所需的氧气量必须超过燃料燃烧所需的化学计量（见图8.19）。上面讨论的三效催化剂在这些条件下工作效率并不高。这就引出了一个新的研究领域：NO_x选择性还原催化剂，在日本丰田汽车公司的带动下，人们首先研究了烃作为还原剂选择性除去NO_x，然后研究了NO_x的储存催化剂。拓展阅读8.10中S. Matsamoto的文章里提到一些相关背景，此外在8.10中还列举了一些在那之前的重要学术文献。

⋮ 拓展阅读8.10　最近关于尾气净化催化剂和反应的综述

可以从以下有关尾气净化的综述切入了解该领域：

- V. I. Pârvulescu, P. Grange, B. Delmon, "Catalytic removal of NO", Catal.Today, 46 (1998) 628.

- J. Kašpar, P. Fornasiero, N. Hickey, "Automotive catalytic converters: current status andsome perspectives", Catal. Today, 77 (2003) 419-449.

---

[26]　氮氧化物是氧和氮在发动机汽缸中发生均相反应而形成的。该反应随温度发生变化。

[27]　涉及烃的反应并不平衡。

• K. Burch, J. P. Breen, F. C. Meunier, "A review of the selective reduction of NO$_x$ with hydrocarbons under lean-burn conditions with non-zeolitic and platinum group metal catalysts", Appl. Catal. B (Environmental), 39 (2002) 283-303.

• S. Matsumoto, "Recent advances in automobile exhaust clean-up", Catal.Today, 90 (2004) 183-190.

• W. S. Epling, L. E. Campbell, A. Yezerets, N. W. Currier, J. E. Parks II, "Overview of the fundamental reactions and degradation mechanisms in NO$_x$ storage/reduction catalysts", Catal. Rev. Sci. Eng., 46 (2004) 163-245.

• M. V. Twigg, "Progress and future challenges in controlling automotive exhaust gas emissions", Appl. Catal., B (Environmental), 70 (2007) 2-15.

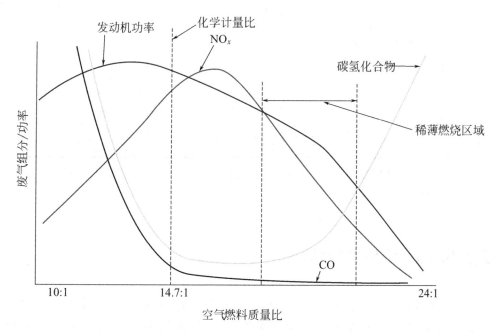

图 8.19　空燃比对发动机运行的影响

在稀燃条件下最有效的催化剂之一是负载在氧化铝上的含银催化剂。Meunier 等在著作 [F. C. Meunier, J. P. Breen, V. Zuzaniuk, M. Olsson, J. R. H. Ross, "Mechanistic aspects of the selective reduction of NO by propene over cobalt and silver promoted alumina catalysts: kinetic and in-situ DRIFTS study", J. Catal., 187 (1999) 493-505] 中指出反应既在银微晶上发生也在氧化铝表面发生，Ag$^+$ 也参与了反应，如图 8.20

所示，而且也形成了各种含氮和氧的有机物。然而不幸的是，虽然这些催化剂对氮有高选择性和高转化率，但它们对燃料内的杂质（特别是含硫分子）特别敏感，所以并不能达到实际要求的使用寿命。因此，丰田开发了"存储NO_x催化剂"，由负载在氧化铝的Pt和BaO构成，在连续的氧化和还原条件下使用，先在氧化阶段吸附NO_x，然后在还原循环中还原它。

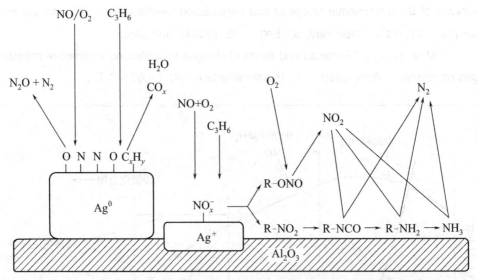

图 8.20　在稀燃条件下，在银/氧化铝催化剂上发生的反应步骤示意图

来源：Meunier et al.，J. Catal.，187（1999）493-505. 转载经 Elsevier 许可

任务 8.16　稀燃发动机

　　应该强调的是，在拓展阅读 8.10 中给出的参考文献并非唯一选择。选择它们是因为它们在所有文献中的引用率相对较高，并且与探讨的主题关系密切。利用拓展阅读 8.10 中的参考文献作为起点，进行全面的文献检索。列出一些用于稀燃条件下尾气净化以及存储NO_x的催化剂类型。

　　图 8.21 给出了丰田研究者提出的催化剂表面模型。它显示当空燃比很低的时候，NO 在 Pt 位上被氧化并且以硝酸盐的形式在 Ba 上被吸收；之后，当空燃比改变为化学计量比值时（还原条件下），硝酸盐会被 HC、CO 和 H_2O 还原。在 Kašpar 等人的综述（拓展阅读 8.10）中，这张图片

有微小变化，见图 8.22。在这个模型中，人们认为催化剂中的 Ba 会形成碳酸钡，因此图中也显示了 Ba 参与反应。

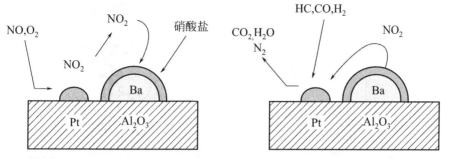

(a) 低空气/燃料比(以硝酸盐的形式储存)   (b) 化学计量的空气/燃料比(被还原为氮气)

图 8.21   Toyota 的存储 NO_x 催化剂模型

来源：Matsumoto，Catal. Today，90（2004）183-190。转载经 Elsevier 许可

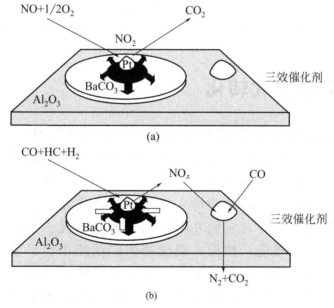

图 8.22   包含 $BaCO_3$ 的存储 NO_x 催化剂模型

来源：Kašpar et al.，Catal. Today，77（2003）419-449。转载经 Elsevier 许可

本章也应该包含许多其他类型的环保催化剂和工艺。值得指出的是催化甚至可以应用在一些家用设备上：图 8.23 给出了 A. Nishino 的文章 "Household appliances using catalysis"，Catal. Today，10（1991）107-118 中的一个例子。

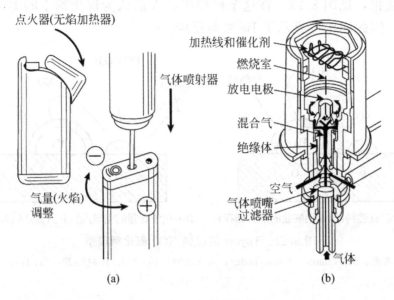

图 8.23　催化打火机

来源：A. Nishino，Catal. Today，10（1991）107e118。转载经 Elsevier 许可

8.6　生物质催化转化

如果不包括近期非常重要的课题——生物质转化，本章就不完整。人们认为随着石油储量持续减少，世界必须寻找其他能源，所以在过去的几年里，这一课题受到了极大关注。虽然太阳能、风能、水电和潮汐能都是可以开发的能源，但要想广泛应用这些能源，还需克服许多工程问题。此外，它们并不适用于所有情况。另一种能源是由裂变或聚变产生的核能。然而，裂变能的广泛使用会面临巨大的政治压力，而聚变能的使用还很遥远。因此，生物质的开发非常重要。在欧洲，有一个强制性目标，要求到 2020 年为止必须有 10% 的能源来自生物质，而美国在 2007 年的能源独立和安全法案中要求到 2022 年每年要有 360 亿加仑的可再生燃料。

原则上，生物质可用于燃料和化学品的生产。事实上，生产化学品的工艺已经存在了许多年；最著名的例子是用马铃薯、玉米和甘蔗等含糖或淀粉的植物生产酒精。在巴西，用甘蔗生产乙醇已成为非常重要的生产工艺，在那里有很大一部分发动机燃料都是通过发酵生产的乙醇。

虽然欧洲也已经利用生物质作为部分能源，但这些都是使用生物质燃烧技术（即燃烧木材和其他木质的生物质代替煤炭和石油），或使用"第一代"工艺，如先通过棕榈油或玉米等作物的植物油得到甘油三酯，再对其进行甘油三酯催化酯交换。但由于食品和能源的竞争，这些工艺受到人们抨击。此外，还有一些争论认为这些作物对温室气体有非常负面的影响，因为使用硝酸盐肥料产生的 NO_x 比减排的二氧化碳对全球变暖的影响更大。

"第二代生物质工艺"没有第一代工艺的缺点。它们都是基于"木质纤维素生物质"的转化，或可以说是基于生物质的转化，其结构主要是纤维素、半纤维素和木质素。二代工艺植物[28]只含少量一代工艺植物（主要是粮食）中的蔗糖或其他分子。纤维素是由糖单元构成的生物聚合物，这个聚合物通过分子链之间以及糖环之间的强氢键构建（见图8.24）；淀粉的结构由直链淀粉和支链淀粉构成，其中不含氢键（值得注意的是，直链淀粉结构与纤维素的构建单元相似，但缺少纤维素连接糖单元环的β构象，因此较易水解）。众所周知，纤维素的结构很难被破坏（解聚），所以对于任何一种二代工厂，最关键的部分很可能是初步处理纤维素。拓展阅读8.11列出了 Hayes 的综述，其中介绍了很多预处理细节。如图8.25上半部分所示，水解时，纤维素部分转化为游离单糖，这些单糖可以转化为乙醇或丁醇，或者纤维素进行更完全的水解（正如 Biofine 过程[29]），得到乙酰丙酸（$CH_3COCH_2CH_2COOH$）和甲酸。下面我们将讨论一些通过乙酰丙酸制得的产品。在水解过程中，木质纤维素中的木质素，与未转化的五碳糖一起形成"结焦"。结焦的气化（参见图8.25下半部分和以下内容）用于生产合成气，合成气可以提供能量驱动整个过程；如果规模足够大，合成气也可用于化学品的生产[30]。

---

[28]　二代原料包括专门培育的农作物如芒草或柳枝稷，也可能来自一代产物的余渣如甘蔗渣或稻草等。一些二代工艺如 Biofine（见脚注[29]）也可以处理废纸和垃圾。

[29]　J. J. Bozell, L. Moens, D. C. Elliott, Y. Wang, G. G. Neuenscwander, S. W. Fitzpatrick, R. J. Bilski, J. L. Jarnefeld, "Production of levulinic acid and use as a platform chemical for derived products", Res. Conserv. Recycl., 28 (2000) 227-239.

[30]　气化后，通常有些固体残余物，在图8.25中标记为生物焦炭；这些生物焦炭已成功地用于土壤改良。

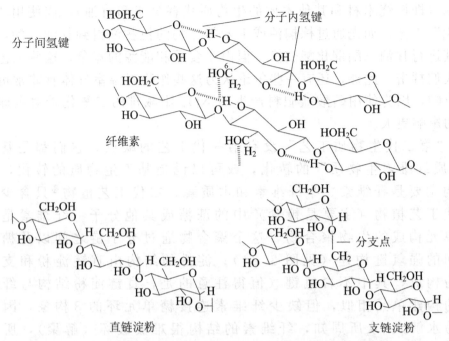

图 8.24　纤维素和淀粉组分的结构（分直链淀粉和支链淀粉）

来源：D. J. Hayes，Catal. Today，145（2009）138-151。转载经 Elsevier 许可

拓展阅读 8.11　生物质转化综述

　　由 D. J. Hayes 写的一篇关于生物质的使用及相关过程的综述如下："An examination of biorefining processes, catalysts and challenges"，Catal. Today，145（2009）138-151。

　　由 G. W. Huber 等写的综述涵盖了生物质转化的很多方面，也全面概述了生物质转化工艺：G. W. Huber, S. Iborra, A. Corma，"Synthesis of transport fuels from biomass: chemistry, catalysts and engineering"，Chem. Rev.，106（2006）4044-4098。同一研究小组在发表的进一步的综述中补充了更多资料：A. Corma Canos, S. Iborra, A. Velty，"Chemical routes for the transformation of biomass into chemicals"，Chem. Rev.，107（2007）2411-2502。虽然通过"Chemical Review"中的这两篇综述不能找到整个"Science Direct"中的所有相关文献，但是他们提供的文献列表以及 Scopus 或 Web of Science 中的许多引用这些综述的引文会全面覆盖整个生物质转化领域。

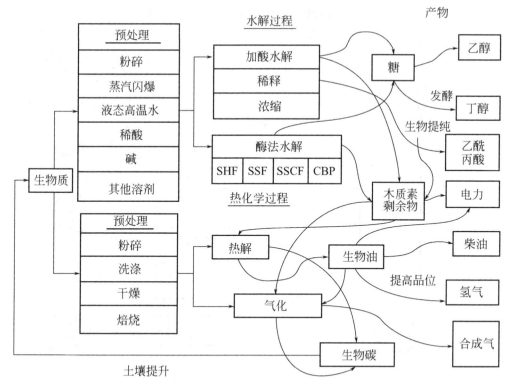

图 8.25　木质纤维素转化成有用的产物

SHF—先水解后发酵；SSF—同步糖化发酵；SSCF—同步糖化共发酵；CBP—综合生物过程

来源：D. J. Hayes，Catal. Today，145（2009）138-151。转载经 Elsevier 许可

生物质直接气化也是很好的选择。图 8.26 显示了可用的气化技术的示意图，该图摘自一篇这个领域的综述——由 G. J. Stiegel 和 R. C. Maxwell 撰写的 "Gasification technologies：the path to clean，affordable energy in the 21st century"，Fuel Process. Technol. ，71（2001）79-97[31]。在气体净化、变换反应和合成气转化方面，催化发挥了显著的作用。我们已经讨论了用于其他领域的变换反应和合成气转化技术。相对于气化技术，气体净化更加明确，通常包括从气流中去除甲烷和其他烃类等气体，以及焦油的消除等。经常使用的催化剂与用于水蒸气重整的催化剂相关。Sutton 等人综述了气体净化这一课题（见任务 8.17）

乙酰丙酸一旦通过 Biofine 工艺生产出来，就可以通过催化转化为很多产品。图 8.27 所示为生产甲基四氢呋喃的过程，这是一种允许浓度高

---

[31]　在 Scopus 中这篇文章的几个引文直接提到了生物质气化。

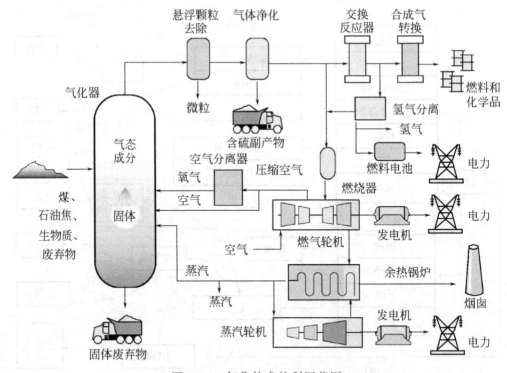

图 8.26　气化技术的利用范围

经许可取自 G. J. Stiegel，R. C. Maxwell，Fuel Process.

Technol.，71（2001）79-97。转载经 Elsevier 许可

达 30% 的汽油添加剂。Bozell 等人在论文中也讨论了许多其他产品。壳牌公司最近表示，也可以用乙酰丙酸制备"戊酸生物燃料"[32]。

任务 8.17　气体净化

D. Sutton，B. Kelleher 和 J. R. H. Ross 在综述中提出了净化通过气化生产的合成气："Review of literature on catalysts for biomass gasification"，Fuel Process. Technol.，73（2001）155-173。下面这篇论文提到了一种反应器，用来转化产生的焦油：P. Ammendiola，B. Piriou，L. Lisi，G. Ruoppolo，R. Chicore，G. Russo，"bed reactor for the study

---

[32]　壳牌公司最近表示，可以用乙酰丙酸制备戊酸生物燃料：J.-P. Lange，R. Price，P. M. Ayoub，J. Louis，L. Petrus，L. Clarke，H. Gosselink，"Valeric biofuels: A platform of cellulosic biofuels"，Angew. Chem.，Int. Ed.，49（2010）4479-4483。

of catalytic biomass tars conversion", Experimental Thermal Fluid Sci.，34（2010）264-274。以这些文章为出发点，用 Scopus 或 Web of Science 查阅关于这一领域的早期文献，以及相关的引用这些文献的文章。

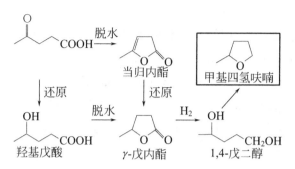

图 8.27　Biofine 工艺过程生产的乙酰丙酸催化转化为各种产品

来源：J. J. Bozell，L. Moens，D. C. Elliott，Y. Wang，G. G. Neuenscwander，S. W. Fitzpatrick，R. J. Bilski J. L. Jarnefeld，"Production of levulinic acid and use as a platform chemical for derived products"，Res. Conserv. Recycl.，28（2000）227-239。转载经 Elsevier 许可

任务 8.18　乙酰丙酸转化中的催化

以 Bozell 等（见图 8.27）和 Hayes（见图 8.24）的文章作为引用搜索的出发点，查阅乙酰丙酸转化为有价值的产品的相关文章。还需查阅脚注❷中的文章以及 L. E. Manzer 写的文章。

生物质热裂解是与水解或直接气化竞争的技术。不同的条件下（温度、压力和滞留时间），产生的热解油、气和焦炭的比例也有差异。A. V. Bridgwater 在一篇优秀的综述中谈到了不同条件的影响："Renewable fuels and chemicals by thermal processing of biomass"，Chem. Eng. J. 91，（2003）87-102。在这篇综述中，他特别关注了快速热解的操作，在几秒钟的滞留时间内，在大约 500℃时，产生的混合物包含 75％的液体，12％的焦炭和 13％的气体。液体是一种相对不稳定的微乳，包含约 25％的水，由含氧化合物（特别是乙酸）、固体焦炭和灰分中的碱金属混合而成。Bridgwater 在综述中讨论了生物油的性质以及通过生物油得到的部分产物，尤其是通过加氢处理法或在沸石上裂化的方法得到的产物。在本章的背景下，最值得注意的是人们已经做了大量的工作来提高来自生物油的乙酸的品质。任务 8.19 中有这个工作的例子。

任务 8.19 生物油乙酸的水蒸气重整

下面是一篇经常被引用的关于从生物油制得的乙酸的水蒸气重整的文章：T. Takanabe，K. I. Aika，K. Seshan，L. Lefferts，"Sustainable hydrogen from bio-oil：Steam reforming of acetic acid as a model oxygenate"，J. Catal.，227（2004）101-108。以这篇文章作为查阅这一领域文献的切入点，了解用于这项工作的催化剂类型，以及在氢气选择性和产率方面取得的最好结果。

8.7 结论

在过去的几十年里，人们非常关注催化在实践中的应用，本章旨在介绍部分而非全部催化应用。当然，在许多情况下，作者对这些应用有些经验。实际上，在这里或者在本书的其他部分没有提供相关文献的详细列表。这是希望读者能够充分利用网络工具去探索各个领域，跟进一些细节，以便获取大量的新知识，并和作者一样坚信：最重要的并不是你已经知道了什么知识，而是你知道怎样去找到这些知识。

▎作者简介 ▎

Julian R. H. Ross，爱尔兰利默里克大学教授，爱尔兰皇家学院成员，英国皇家化学会会员，天津大学名誉教授，中国科学院生态环境研究中心名誉教授。1966年获英国贝尔法斯特女王大学博士学位。他在表面化学和催化领域从事科学研究50余年，曾先后任教于英国布拉德福德大学、荷兰特温特大学和爱尔兰利默里克大学，并于1994～2003年任利默里克大学科学学院院长。他是国际学术期刊Catalysis Today的创办人，并于1986～2011年任该刊主编。主要研究方向包括天然气转化、选择性氧化、膜催化、环境催化和生物质转化等，发表学术论文200余篇，培养博士生50余人、博士后20余人。

▎译者简介 ▎

李永丹，天津大学教授，博士生导师，国家杰出青年科学基金获得者，教育部长江学者特聘教授，百千万人才计划国家级人选，天津市授衔专家，获国务院特殊津贴。1989年获天津大学博士学位。现任天津大学化工学院催化科学与工程系主任、天津市应用催化科学与工程重点实验室主任。担任国际学术期刊Catalysis Today的副主编、中国化工学会会刊《化工学报》副主编和多个国内期刊的编委。研究工作涉及能源化工、燃料电池、工业催化、生物质和太阳能利用等领域。发表国际期刊论文200余篇，申请及授权发明专利20余项。已培养博士生和硕士生100余名。

▌ 内容简介 ▌ ///////////////////////////////////////

　　本书介绍了多相催化的发展历史，由浅入深地对多相催化科学的基础理论进行了详细阐述，包括吸附过程和表面科学、催化反应动力学、催化剂的制备和研究方法等。此外，本书从化工生产的角度介绍了催化反应器的设计和一些重要的催化过程，如天然气转化、原油加工、石油化工和生物质转化等。本书还设置了一系列"任务"，引导学生利用网络和网络检索工具（如 Scopus、Web of Science 等）对重要的催化理论和催化反应进行扩展学习。